输电线路跨越施工安全管控指南

《输电线路跨越施工安全管控指南》编委会◎编著

中国电力出版社
CHINA ELECTRIC POWER PRESS

内 容 提 要

随着我国基础设施的日益完善和飞速发展，高速铁路、特大型桥梁、高速公路日益增多，同时，特高压输电线路的建设不可避免地要跨越大江大河或铁路公路。由于大跨越的设计条件比一般线路更为严格，对安全的要求也比一般线路高，工程量大，施工周期长。因此在大跨越送电线路工程中必须作广泛、深入、细致的工作，严控安全风险。本书从安全的角度出发，重点介绍了输电线路跨越电力线路、铁路、公路的安全要求，包括施工方各部门及各岗位职责、各种跨越施工方案的风险点、跨越施工安全管理要求等内容。

本书可供110kV～750kV输电线路跨越施工管理人员参考使用，亦可供跨越施工建设人员阅读学习。

图书在版编目（CIP）数据

输电线路跨越施工安全管控指南/《输电线路跨越施工安全管控指南》编委会编著. —北京：中国电力出版社，2019.11

ISBN 978-7-5198-3715-0

Ⅰ. ①输… Ⅱ. ①输… Ⅲ. ①输电线路–工程施工–安全管理–指南 Ⅳ. ①TM726–62

中国版本图书馆CIP数据核字（2019）第206536号

出版发行：中国电力出版社
地　　址：北京市东城区北京站西街19号（邮政编码100005）
网　　址：http://www.cepp.sgcc.com.cn
责任编辑：王冠一（010-63412726）
责任校对：王小鹏
装帧设计：赵姗姗
责任印制：钱兴根

印　　刷：三河市万龙印装有限公司
版　　次：2019年11月第一版
印　　次：2019年11月北京第一次印刷
开　　本：710毫米×980毫米　16开本
印　　张：9.5
字　　数：156千字
定　　价：36.00元

前　言

近年来，随着社会的高速建设和发展，电气化铁路、高速铁路、高速公路、高等级公路建设等发展迅速。输电线路施工过程中跨越施工日益增多，且由于被跨越施工现场情况各异，各施工单位及施工项目部水平参差不齐，尤其是我国对于超高压甚至特高压输电线路跨越施工的研究不够深入，对于基建跨越施工安全管理标准缺乏明确规范，因此，跨越施工难度相对较大，危险性更高。

为了提高跨越施工可靠性，保证被跨越物安全运行，确保施工安全进行，需要对跨越电气化铁路、高速铁路、高速公路、河流、各种电压等级的电力线路等进行逐一分析，界定跨越施工各部门职责、确定各种跨越设施的最佳施工方案及风险点、明确跨越施工安全管理要求等，实现跨越施工安全、高水平完成。而国内目前关于跨越施工安全管理标准规范研究相对较少。因此，国网天津市电力公司对输电线路跨越施工安全管理进行了较深入研究，并编制跨越施工现场安全检查表，为保证输电线路跨越工程建设质量，规范施工过程安全控制要求和验收条件提供参考依据。

术　语

1. 跨越档　stride across

架空输电线路相邻两杆塔间存在被跨越电力线、铁路、公路等障碍物的线档。

2. 跨越档参数　the parameter of stride across

跨越档参数包括档距、两端塔呼称高、塔基高程及被跨物的高程、宽度、位置、交叉角等。

3. 跨越架　crossing structure

在架线施工中，为遮护被跨障碍物而在跨越档内搭设的临时设施。主要种类有金属格构式跨越架，悬索式跨越架，竹、木跨越架，钢管跨越架。

4. 金属格构式跨越架　steel fabricated crossing structure

由金属格构式架体和防护网组成的遮护被跨障碍物的临时设施。

5. 悬索式跨越架　structure of aerial cable

由支撑体、承力索和固定在承力索上的防护网组成的遮护被跨障碍物的临时设施。

6. 木、竹跨越架　woodiness or bamboo crossing structure

由毛竹或杉木杆组成的架体和其顶部防护网（杆）组成的遮护被跨障碍物的临时设施。

7. 钢管跨越架　steel tube crossing structure

由钢管组成的架体和其顶部防护网组成的遮护被跨障碍物的临时设施。

8. 防护网　insulation net

敷设在跨越设施上部的绝缘保护网，包括连接附件、滑车等。

9. 承力索　carrying rope

承受绝缘网重力和事故状态下牵引绳或导线落在防护网上的重力、冲击荷载的绝缘绳。

10. 输电线路　transmission line

一般指 110kV 及以上电压等级的电力线。

11. 电气化铁路　electric railway

指地区与地区间或城市间采用电力牵引的铁路，不包括以轨道为导向、以电力为牵引能源的城市轨道交通或工况企业内部运输线路。

12. 高速公路　freeway

能适应年平均昼夜小客车交通量为 25 000 辆以上、专供汽车分道高速行驶，并全部控制出入的公路。

13. 大跨越　long span crossing

架空输电线路跨越通航江河、湖泊或海峡等，因档距较大（在 1000m 以上）或杆塔较高（交流在 150m 以上，直流在 130m 以上），导线选型或杆塔设计需特殊考虑，且发生故障时严重影响航运或修复特别困难的耐张段。

编 制 依 据

一、国家法律法规

（1）《建设工程安全生产管理条例》（中华人民共和国国务院令第 393 号）

（2）《电力安全事故应急处置和调查处理条例》（中华人民共和国国务院令第 599 号）

（3）GB 50194—2014《建设工程施工现场供用电安全规范》

（4）GB 50545—2010《110kV～750kV 架空输电线路设计规范》

（5）GB 50665—2011《1000kV 架空输电线路设计规范》

（6）GB 50790—2013《±800kV 直流架空输电线路设计规范》

二、行业规程、规范、标准

（1）DL/T 5106—1999《跨越电力线路架线施工规程》

（2）DL/T 5049—2006《架空送电线路大跨越工程勘测技术规程》

（3）DL 5009.2—2013《电力建设安全工作规程　第 2 部分：电力线路》

（4）DL/T 5301—2013《架空输电线路无跨越架不停电跨越架线施工工艺导则》

（5）DL/T 5485—2013《110kV～750kV 架空输电线路大跨越设计技术规程》

（6）DL 5319—2014《架空输电线路大跨越工程施工及验收规范》

（7）DL/T 5320—2014《架空输电线路大跨越工程架线施工工艺导则》

（8）DL/T 5504—2015《特高压架空输电线路大跨越设计技术规定》

（9）DL/T 5732—2016《架空输电线路大跨越工程施工质量检验及评定规程》

三、国家电网企业标准与制度

（1）国家电网公司输变电工程典型施工方法（第一辑）[国网（基建）(2011)]

（2）国家电网公司电力安全工作规程（电网建设部分）（试行）(2016)

（3）国家电网公司输电线路跨越重要输电通道施工安全技术措施（试行）

（4）国家电网公司输电线路跨越重要输电通道建设管理规范（试行）

四、其他行业规范

（1）JGJ 164—2008《建筑施工木脚手架安全技术规范》

（2）JGJ 254—2011《建筑施工竹脚手架安全技术规范》

五、被跨越设施管理单位企业标准与制度

（1）《铁道部国家电网公司关于相互配合支持铁路与电力基础设施建设工作的实施办法》（铁计〔2010〕17号）

（2）《北京铁路局营业线施工安全管理实施细则》（京铁师〔2012〕755号）

（3）《公路安全保护条例》

（4）JTG D 20—2《公路路线设计规范》

目　录

第一章

绪　论

根据 GB 50545—2010《110kV～750kV 架空输电线路设计规范》中关于被跨越设施的规定，主要将跨越分为跨越电力线路、跨越铁路、跨越公路、跨越弱电线路及跨越其他设施。

第一节　被跨越设施种类

一、电力线路

跨越已运行电力线路，其复杂性最大，要根据已运行线路的电压等级及其能否停电、已运行线路与新建线路的夹角等具体情况，编制跨越方案，一般可采用的跨越架型式有：毛竹或钢管材质的脚手架式跨越架。金属格构式跨越架。利用新建线路杆塔作为支撑体进行跨越等。图 1－1 所示为输电线路跨越已运行电力线路。

二、铁路

跨越铁路应根据铁路轨顶与跨越档导线悬挂点间高差、铁路轨道股数、交叉跨越角度及铁路等级等具体编制跨越施工方案，一般可采用以下几种方式：采用毛竹或钢管材质的脚手架式跨越架。金属格构式跨越架。利用杆塔作支承体跨越等。图 1－2 所示为输电线路跨越铁路。

图 1–1　输电线路跨越已运行电力线路

图 1–2　输电线路跨越铁路

三、公路

跨越公路应根据公路宽度、交叉跨越角、公路基面与导线悬挂点间高差等编制跨越施工方案，可选跨越架型式包括：毛竹或钢管材质的脚手架式跨越架。金属格构式跨越架。利用新建线路杆塔作为跨越支撑体等。输电线路跨越公路如图 1－3 所示。

图 1－3　输电线路跨越公路

四、弱电线路

主要根据通电线路等弱电线路的等级、重要性及高度，以及新建线路与弱电线路的夹角等，编制跨越施工方案，可采用跨越架型式有杉木或钢管材质的脚手架式跨越架等。

五、其他跨越物

1. 建筑物

根据架空输电线路设计规范规定，架空线路下方的建筑物多数需要拆迁，但是架线施工期间尚未拆迁。可根据其是否拆迁，采用不同的跨越方式：需拆迁而未拆迁者，放线引绳在不被磨损的前提下可以直接在建筑物上方通过；不拆迁者，放线引绳应在建筑物上方悬空通过。输电线路跨越建筑物如图 1－4 所示。

图 1-4　输电线路跨越建筑物

2. 树木

这里主要是指可能阻碍架空线穿过而又不被允许砍伐的树木。目前，普遍采用飞行器（例如遥控飞艇、动力伞、航模等）展放初级引绳，再用张力放线的方法，拖引其他规格引绳，直至将导地线架设完成。输电线路跨越树木如图 1-5 所示。

图 1-5　输电线路跨越树木

3. 江河

江河有两种类型，一种是通航河流，另一种是不通航河流或通航船只极少的河流。对于通航河流，其河面又有宽窄之分。河面较宽者应按大跨越架线方案进行论证，不通航河流或通航船只较少且河面较窄的河流，可通过人力展放引绳，引绳过河后再用张力架线方法完成导地线架设或者用飞行器直接展放引绳方法实现线路跨越。输电线路跨越江河如图 1 – 6 所示。

图 1 – 6 输电线路跨越江河

第二节 跨越施工分类

一、按施工条件分类

根据被跨越物的大小、重要性和实施跨越的难易程度，可将跨越分为三个类别：

✦ 第一类：一般跨越，跨越架高度在 15m 及以下者。被跨越物为 220kV 及以下电力线的停电架线，二级以下通信线，10kV 以下电力线，无等级公路、乡间道路，不通航河流、水库，散户居民。

✦ 第二类：重要跨越，跨越架搭设高度超过 15m，但在 30m 及以下者。被跨越物为 10～110kV 电力线的不停电架线，一级及军用通信线，居民集中区、村落社区等，除高速公路以外的等级公路，除高速铁路、电气化铁路以外的单、双轨铁路。

✦ 第三类：特殊跨越，跨越多排轨铁路，高速公路、高速铁路、电气化铁路。跨越 110kV 及以上电压等级的运行电力线，线路交叉角小于 30°或跨越宽度大于 70m，跨越架高度大于 30m 以上者，跨越大江大河或通航频繁的河流以及其他复杂地形。

其中，线路与跨越物正跨或斜跨角大于 30°时，应考虑整体搭设跨越架；跨越架斜跨角小于 30°时，可采取分相搭设跨越架，地线与边相共用一个，中相单独使用一个，并用经纬仪定位，以保证位置正确。

跨越类型见表 1－1。

表 1－1　　跨越类型

一般跨越	重要跨越	特殊跨越
跨越架高度 $h \leq 15$m	跨越架高度 15m < $h \leq 30$m	跨越架高度 $h > 30$m
220kV 及以下电力线的停电架线。10kV 以下电力线	10～110kV 电力线的不停电架线	110kV 及以上电压等级的运行电力线。线路交叉角小于 30°或跨越宽度大于 70m
通信线二级以下	一级军用通信线	—
无等级公路 乡间道路	除高速公路以外的等级公路	高速公路
不通航河流、水库	—	大江大河或通航频繁的河流
散户居民	居民集中区 村落社区	—

续表

一般跨越	重要跨越	特殊跨越
—	除高速铁路、电气化铁路以外的单、双轨铁路	多排铁轨 高速铁路 电气化铁路
—	—	其他复杂地形

二、按跨越架线方式分类

✦ 第一类：有跨越架跨越架线，设置跨越架及封顶网进行跨越架线，如（杉木、毛竹、钢管）脚手架式跨越架、金属格构式跨越架等封网跨越。如图 1－7 和图 1－8 所示。

图 1－7　设置跨越架及封顶网跨越架线（一）

图 1-8　设置跨越架及封顶网跨越架线（二）

✦ 第二类：无跨越架跨越架线，利用杆塔作支撑体及封顶网进行跨越架线。

✦ 第三类：大跨越跨越架线，线路跨越通航大河流、湖泊或海峡等。因档距较大（在 1000m 以上），或杆塔较高（在 100m 以上），导线选型或杆塔设计需特殊考虑，且发生故障时严重影响航运或修复特别困难的耐张段。

三、按电力线路运行状态分类

✦ 第一类：完全不停电跨越架线，是指搭架、铺网，展放引绳及导、地线展放等全过程中运行电力线均不停电。

✦ 第二类：有跨越架不停电架线（又称“带电跨越”），是指搭架、拆架及封网、拆网时被跨运行电力线进行短时停电，展放引绳，导地线，及附件安装过程被跨电力线不停电。

✦ 第三类：停电架线，是指被跨电力线完全停止运行，待新建线路架线后再恢复送电。这种方法是在被跨越线路停电的条件下，在两侧适当的耐张塔做好平衡拉线措施后、将原导地线松落到地面或杉木跨越架内保护，或以合适的材料包裹导地线，上方新线路施工完毕后再恢复被跨越线路，验收后投运，如图 1－9 所示。

图 1－9 停电后松线或对已有被跨线路导地线包裹保护

根据调研情况，各单位跨越 500kV 线路时以停电跨越方式居多，部分 220kV 跨越时采取停电跨越。

四、按跨越架封顶网形式分类

跨越架封顶网形式及适用范围见表 1－2。

表 1－2 跨越架封顶网形式及适用范围

跨越架封顶网形式	适用范围/类型
不封顶式跨越架	适用于一般跨越及停电架线的跨越
封顶式跨越架	封顶杆用竹（木）杆的跨越架
	用绝缘绳和竹杆混合封顶跨越架
	封顶绝缘网跨越架
	绝缘绳及绝缘杆（或称吊兰式）封顶跨越架

第三节　跨越施工的组织保障

为确保输电线路跨越施工全过程安全实施，分别从保证体系和监督体系两个维度明确各省电力公司相关部门在跨越施工管理中的职责。

一、跨越施工组织机构

输电线路跨越施工组织机构如图 1－10 所示。

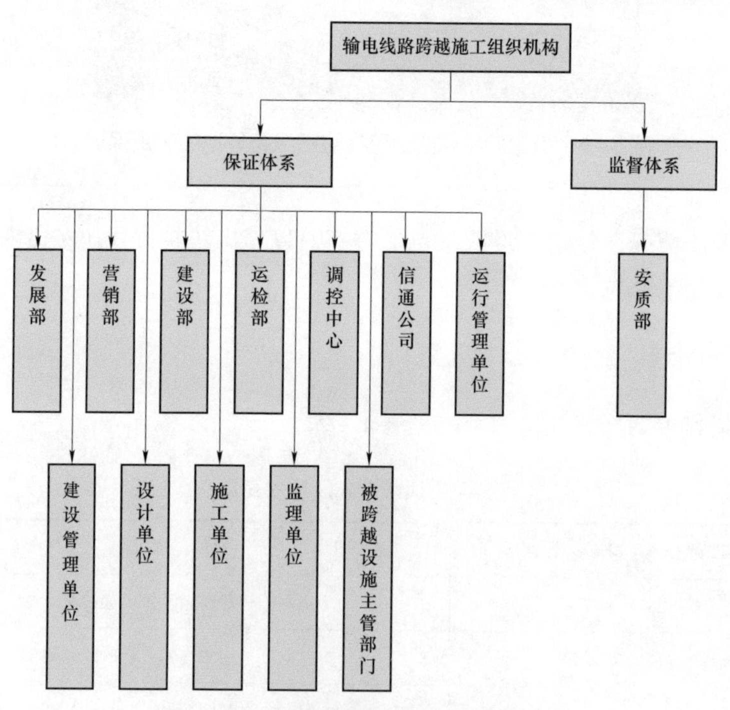

图 1－10　输电线路跨越施工组织机构

二、职责分工

（一）保证体系[1][2]

1. 发展部

负责组织可研阶段跨越方案审查，确定相关费用。

2. 营销部

负责向客户告知停电时间计划，开展用户安全隐患排查，并督促落实应急预案和保安电源措施。

3. 建设部

（1）组织跨越施工方案审查并备案。对跨越施工全过程进行监督指导。

（2）提出年度跨越施工计划（停电需求计划），配合调控部门优化月度停电计划。

（3）负责跨越施工安全风险预警管控工作的归口管理，组织落实施工现场管控措施，检查考核安全风险预警管控工作。

4. 建设管理单位（业主项目部）

（1）负责前期政策处理工作，协调地方政府，确保无障碍施工。

（2）审批施工单位报送的跨越施工方案，并提出修改意见和建议。业主项目部安全专责对跨越施工措施实施过程（比如搭设跨越架）进行督查，并对跨越放线过程中的特殊跨越点进行督查。

（3）督促施工单位按照审批的方案施工，在施工过程中开展监督检查。

（4）与被跨越设施主管部门沟通，配合施工单位办理跨越施工相关手续。

（5）负责跨越施工安全管理，认真落实高风险作业“挂牌督查”要求，监督监理人员全过程认真履行安全控制职责。

（6）负责分析施工跨越对电网运行带来的安全风险，组织落实跨越施工、现场防护等管控措施。

（7）负责组织工程施工、监理、设计承包商评估风险等级，沟通相关部门（单位），发布预警通知，落实本单位的预警管控措施，跟踪督促参建单位落实预警管

---

[1] 《国家电网公司输电线路跨越重要输电通道建设管理规范》（试行），《国家电网公司输电线路跨越重要输电通道施工安全技术措施》（试行）。

[2] 《电网运行风险预警管控工作规范》。

控措施。

（8）负责组建工程项目应急工作组，与施工项目部有组织、高效率处理和解决施工中发生的突发事件。

5. 设计单位

（1）负责取得特殊跨越点主管部门准许跨越的路径复函，并在施工图预算中计列足够的跨越施工措施费用和办理跨越手续的相关费用。

（2）按跨越设计内容深度规定及相关要求开展跨越方案设计。

（3）负责提供跨越施工全过程设计技术服务。

6. 监理单位

（1）负责审查跨越施工方案，并提出修改意见和建议。

（2）负责检查确认是否按跨越施工方案要求布置现场，各项安全技术措施是否按方案内容落实到位。

（3）审查施工机械、工器具、安全防护用品的进场。对跨越施工全过程进行监督。对跨越架搭设、导地线压接等进行安全检查签证。

（4）负责对达到预警等级的施工作业制定、落实本单位采取的管控措施。负责监督检查施工单位预警管控措施落实情况，对落实不到位的提出整改要求。

（5）监督施工单位按照已经审批的专项方案进行跨越施工，发现问题，应书面通知其整改，对拒不整改、野蛮施工的，应立即下发停工令，同时抄报业主项目部。施工单位完成整改后，经监理验收合格后，方可解除停工令。

（6）负责以书面形式上报每天的施工进度及安全检查情况。

（7）切实履行跨越施工全过程安全控制职责，确保对跨越施工作业安全关键环节进行有效控制。

7. 施工单位（施工项目部）

（1）负责对跨越施工现场实地调查，结合地形地貌和气象等条件，对跨越施工进行安全风险分析和评估。科学编制跨越施工方案（包括应急处置方案），按要求进行公司内审和报监理项目部、业主项目部审批。编制安全管理和质量保证措施并实施。

（2）办理特殊跨越点跨越施工许可。

（3）负责施工跨越架、跨越网等设施的设计、搭设和拆除。

（4）配置现场应急资源，开展应急教育培训和应急演练，组建现场应急救援队伍，与建设管理单位有组织、高效率处理和解决施工中发生的突发事件。

（5）负责以书面形式向公司安全科上报每天的施工进度及安全检查情况。

（6）切实履行施工安全主体责任，落实施工安全措施，严格施工全过程安全管控，严禁违章指挥、违章作业。

8. 运检部

（1）参与各阶段跨越方案审查。

（2）会同调控、安质、建设等部门优化停电计划。

（3）对跨越施工全过程进行现场许可和监督指导。

（4）负责配合跨越施工作业风险预警及管控工作，细化、落实本部门对实施安全风险预警管控的涉电施工作业应采取的预警管控措施。

9. 调控中心

（1）参与各阶段跨越方案审查。

（2）批准带电跨越施工期间的“退出重合闸”申请。

（3）研究批准停电计划，负责评估停电期间特殊运行方式、检修方式、过渡方式的电网风险，会同相关部门编制、发布“电网风险预警通知单”，提出电网风险预警管控要求，降低跨越施工期间的电网风险。组织优化运行方式、完善安全控制策略、制定事故预案等措施。

（4）负责向政府电力运行主管部门报告、向相关并网厂告知电网运行风险预警。

10. 信通公司

负责跨越施工期间电力通信、信息网络系统的运行监控和管理，组织落实电力光缆、通信设备、信息系统安全防护等管控措施，有针对性地做好应急预案，及时发现系统异常并安排处理。

11. 运行管理单位

（1）负责审核施工单位提交的书面停电申请和跨越施工方案，签发“电力线路第一种工作票”，履行工作许可手续。

（2）在得到调度部门工作许可后，书面许可交给施工单位工作负责人。

（3）跨越施工期间，派人进行现场监督，并落实专项管理应急预案。

（4）跨越不停电输电线路施工，签发“电力线路第二种工作票”，并按规定履行手续，必须派员进行现场监护。跨越施工期间发生故障跳闸时，未取得现场负责人同意，不得强行送电。

12. 被跨越设施主管部门

（1）负责审批施工单位报送的专项施工方案，并提出修改意见和建议，派出专人对跨越施工措施实施过程（比如搭设跨越架）进行指导、监督和检查，并对跨越放线过程中的特殊跨越点进行检查。

（2）当因外力原因造成被跨越物受到破坏损伤时，负责组织抢修。

（3）跨越施工措施拆除后，与施工项目部一起对被跨越物进行验收，合格后方能结束施工许可。

第二章

通用安全要求

输电线路路径确认之后，需跨越设施基本确定。对于跨越不同设施，分别从规划设计，技术准备，施工组织以及跨越施工，人员、机具管理，现场应急处置等各环节明确其通用安全要求。

第一节 规 划 设 计

一、可研设计阶段

（1）尽量减少与重要输电通道线路的交叉次数。对已确定的规划线路应预留跨（钻）越通道，避免线路因后续工程建设而改造。

（2）输电线路跨越重要电力线路的设计，在满足设计规范和安全的前提下，应适当缩小耐张段长度、减小跨越档档距、增加导线与被跨线路的垂直距离，加大交叉角度。

（3）可研评审过程中，应对跨越方案进行专题评审，确定跨越技术原则。

（4）设计单位在线路设计中对跨越档参数及地形条件进行选择时，应考虑施工的安全、便利，跨越电力线路、公路、铁路的杆塔除设计参数除了满足运行需要以外，还应为施工单位提供能够易于搭设跨越架进行跨越施工所需的条件。

二、初步设计阶段

（1）初步设计阶段，应进一步复核、确认被跨越设施相关信息。如被跨越线路名称、被跨越铁路公路里程数、跨越点两端杆塔号、塔型及高度等。编制初步设计文件时，按照相关技术规范及设计内容深度要求，开展多方案比选，细化、优化跨越技术方案。

（2）跨越点选择要求：结合线路路径、地形地貌特点等，合理选择跨越位置，宜避免塔顶跨越。跨越公路、铁路时，跨越点应避免选在高路基处，跨越点选择应便于施工阶段跨越架搭设，宜选在地势平坦处或公路、铁路有边坡处，应尽量避免选择在水塘、水库、湖泊、河流山谷、深沟、陡坡边沿等处，设计新建线路与电力线路交叉跨越时，对被跨越电力线路的跨越地点宜选择在其对地距离较低处跨越。当连续跨越多条并行线路时，条件允许时，宜在并行线路之间合理选择跨越点，设置耐张塔（或直线塔），减少同一档内跨越线路的条数。

（3）交叉角度设置要求：新建线路与被跨越物的交叉角度应尽量垂直，以利于搭设跨越架或架设防护网，实现不停电跨越。线路与重要输电通道的电力线路交叉角不宜小于 45°，对受限地段无法满足时应尽量缩小跨越档距。在交通、地形条件下，高速铁路跨越档应尽量缩短牵张段放线长度，设计直角交跨。选择地基段跨越，避开高架桥铁路段，从设计方案上避免跨越高度过高，降低施工成本，提高安全性。

施工跨越档两端杆塔的塔型尽可能为直线塔，降低跨越点两侧耐张塔紧线施工的安全风险。综合考虑施工牵张场设置，条件允许时尽可能缩短耐张段长度，跨越耐张段长度一般不宜大于 3.0km。

（4）跨越杆塔与对被跨线路边导线除满足规范规定的安全距离外，还应考虑基础开挖、铁塔组立、横担吊装等施工安全距离。条件允许时跨越塔位距离被跨线路边导线的最小水平距离不小于 1.2 倍跨越塔高度。

三、施工图设计阶段

（1）地线采用 OPGW（Optical Fiber Composite Overhead Ground Wire）光缆时宜选用全铝包钢型。被跨线路的地线高度宜按最小弧垂工况计算，一般宜选用最低温工况。

（2）导、地线在弧垂最低点的设计安全系数不应小于 2.5，悬挂点的设计安全系数不应小于 2.25。地线的设计安全系数不应小于导线的设计安全系数[1]。

（3）导、地线在稀有风速或稀有覆冰气象条件时，弧垂最低点的最大张力不应超过其导、地线拉断力的 70%（1000kV 和±800kV 直流架空输电线路要求为 60%[2]）。悬挂点的最大张力，不应超过导、地线拉断力的 77%（1000kV 和 ±800kV 直流输电线路要求为 66%[3]）。

（4）大跨越导、地线的防振措施，宜采用防振锤、阻尼线或阻尼线加防振锤方案，同时分裂导线宜采用阻尼间隔棒，具体设计方案宜参考运行经验或通过试验确定。

（5）重冰区应校核被跨线路地线脱冰与跨越导线的安全距离，静态垂直距离不应小于操作过电压的间隙，动态距离不应小于工频电压的间隙。脱冰工况按跨越档导线不脱冰，被跨线路地线脱冰计算，脱冰率可选不小于设计冰重的 70%。

（6）跨越档内绝缘子串宜采用独立双挂点、双联“I”型串或双“V”型串，“V”型串金具应采用防脱落销子，优先采用 L 型销子。在易发生严重覆冰地区，宜增加绝缘子串长或采用“V”型串、八字串。地线绝缘时宜使用双联绝缘子串。

（7）与横担连接的第一个金具应转动灵活且受力合理，其强度应高于串内其他金具强度。跨越位置处于风振严重区域的导地线线夹、防振锤和间隔棒应选用加强型金具或预绞式金具。舞动地区的防舞装置与导线应有可靠连接，安装位置尽量避开被跨线路的正上方。

（8）采用黑色金属制造的金具表面应热镀锌或采取其他相应的防腐措施。

（9）金具强度的安全系数应符合下列规定：

1）最大使用荷载情况不应小于 2.5。

2）断线、断联、验算情况不应小于 1.5。

（10）330kV 及以上线路的绝缘子串及金具应考虑均压和防电晕措施。有特殊要求需要另行研制或采用非标准金具时，应经试验合格后方可使用。

---

[1] GB 50545—2010《110kV～750kV 架空输电线路设计规范》。

[2] GB 50665—2011《1000kV 架空输电线路设计规范》，GB 50790—2013《±800kV 直流架空输电线路设计规范》。

[3] GB 50665—2011《1000kV 架空输电线路设计规范》。

第二节 技 术 准 备

施工单位应做好跨越施工前的各项准备工作，包括技术准备、施工组织、机械设备和工器具等，并对跨越施工人员进行安全技术交底。本节重点介绍技术准备，即施工方案准备及施工方案编制阶段的通用安全要求。

一、施工方案准备阶段

施工单位进场后，应立即组织施工现场踏勘，结合跨越点现场地形参数，提出合理可行的跨越设想及跨越施工方案优化建议，设计单位应根据建议开展优化工作，并形成成果。

现场勘察测量内容：首先，会同被跨越设施管理部门到跨越现场共同定位，确定搭架位置。其次，技术人员应对跨越现场断面进行测量，确定跨越架型式及各项参数。最后，根据线路走向及被跨越物的位置，用经纬仪定位，然后根据线路的宽度、风偏值、最小安全距离、裕度进行放样，确定跨越网的大小、长、宽、高等。

（1）现场勘察应核查跨越点周边通道环境，跨越点位置及被跨越物参数信息。

（2）交叉跨越测量，可采用直接丈量、全站仪测距等方法，测定其距离和高差。对于有影响的交叉跨越，应就近桩位以正倒镜测定垂直角，其允许高差较差±0.2m。当距离和高差观测符合现差要求时，成果取中数[1]。

（3）若大跨越线路交叉跨越已有电力线，应测量中线交叉跨越点最高线的线高。当线路不是正交或左右不等高时，应测量左右边线有影响侧或两侧交叉点的线高及风偏点的线高。交叉跨越杆塔时，应测量杆塔顶高及平面位置。

（4）若大跨越线路交叉跨越弱电线路，应测量交叉点的线高。当左右不等高时，应选测边线交叉点、风偏点的线高。对一、二线弱电线路，应施测交叉角，并注明两侧杆号、杆型、材质及通向。当跨越杆位时，应测量杆顶高，并在平端面图上加以注明。

---

[1] DL/T 5049—2006《架空送电线路大跨越工程勘测技术规程》。

（5）当大跨越线路跨越铁路或主要公路时，应测量交叉点轨顶或公路路面高程。注明铁路跨越点的里程。当跨越电气化铁路时，应测绘交叉点电力线高程，并注明数据。

（6）当大跨越线路跨越房屋时，应测绘边导线外 20m 内的屋顶高[1]。

（7）应重点复核导线对地距离（含风偏）有可能不够的地形凸起点的标高、塔位间被跨越物的标高和相邻塔位的相对标高。实测值与设计值相比偏差不应超过 0.5m，超过时应查明原因并予以纠正[2]。

方案编制前，建设管理单位应组织设计、监理、施工、运行、调度等单位进行现场踏勘，召开专题协调会，明确跨越方式。施工单位在进行跨越架封顶和封网施工前，向被跨越设施相关管理部门汇报和申请停电，并按其要求办好相关手续。得到许可后，按要求做好安全措施后方可进行作业。跨越架封顶和封网拆除时，同样遵守上述规定。搭设跨越架与架线施工期间由被跨越设施管理部门（如铁路）派人监督实施。施工单位应提前上报跨越施工段的线路材料供应计划，建设管理单位应积极组织，保证材料供应及时到位。

二、施工方案编制阶段

（1）架线施工前应有完整有效的架线施工（包括张力放线、紧线及附件安装等）技术文件和应急预案。施工方案编制应结合现场实际，从安全性、可行性、经济性等方面进行全面分析，达到安全可靠、技术先进、经济合理的目的。施工方案应严格执行编审批流程，由施工项目部总工程师编制，经施工单位技术、质量、安全等职能部门审核，并组织专家论证，施工单位技术负责人审批，报监理项目部和业主项目部审查、备案。

（2）不停电跨越施工方案应优先采取利用铁塔横梁或临时横梁支撑跨越网、利用地形支撑跨越网、组立临时过渡铁塔封网等无（不搭设）跨越架和金属格构式跨越架＋防护网共五类施工方式。停电跨越施工除可采用以上五类施工方式外，还可采取利用车辆跨越、停电后松线（落地）或采用软垫物包裹导地线方式跨越施工。

---

[1] DL/T 5049—2006《架空送电线路大跨越工程勘测技术规程》。

[2] DL 5319—2014《架空输电线路大跨越工程施工及验收规范》。

（3）毛竹、杉木跨越架受材质限制，单根构件的抗弯和抗压能力较小，搭设较高时整体强度与稳定性差，易受强风影响引起垮塌，在跨越重要输电通道时不得采用。

（4）停电跨越重要电力线路施工主流程为：接地线挂设、停电线路防护设施布置、引绳展放、导地线展放、紧挂线、停电线路防护设施拆除、接地线拆除等。不停电跨越重要电力线路施工主流程为：跨越支撑系统安装、封网装置系统布置（需停电）、引绳展放、导地线展放、紧挂线、封网装置系统拆除（需停电）、跨越支撑系统拆除等。辅助流程包括：牵张场地布置、牵张机就位、材料进场、放线滑车悬挂、封网准备、锚桩埋设、安全防护设施布设、跨越架搭设等。

（5）跨越施工应根据安全净高控制条件，计算各类线绳的牵张力，校核安全系数。重要电力线路跨越施工，导引绳、牵引绳安全系数不得小于 3.5。跨越架与被跨电力线路导线之间的最小安全距离，各类绳索、网撑杆安全系数及绝缘网参数应满足有关规程规范要求。

（6）当采用无跨越架不停电跨越架线施工时，导线放线弧垂与被跨线路地线的距离不宜小于表 2－1 所列数值。

表 2－1　　导线放线弧垂与被跨线路的地线最小垂直距离（m）❶

项　　目	被跨线路电压等级（kV）		
	330	500	750（±500）
绝缘网与被跨线路地线垂直距离（m）	2.6	3.6	5.5
放线弧垂与绝缘网垂直距离（m）*	3.0		
综合裕度（m）*	2.0		
最小垂直距离（m）	7.6	8.6	10.5

注　表中的绝缘绳网与被跨线路地线垂直净空距离取值依据为 DL/T 5301—2013《架空输电线路无跨越架不停电跨越架线施工工艺导则》，被跨特高压线路的最小垂直距离应结合工程实际情况研究确定，但不应小于 10.5m。

*　指放线弧垂与绝缘网垂直距离和综合裕度为施工经验值。放线弧垂的计算张力取导线最大使用张力的 1/8，并考虑温度影响。

（7）跨越塔设置临时横梁或独立跨越架均满足不停电跨越施工时，宜采用跨

❶《国家电网公司输电线路跨越重要输电通道设计内容深度规定》（试行）。

越塔设置临时横梁方案。临时横梁、独立跨越架应满足线路跨越施工荷载要求。跨越塔临时横梁的位置应满足施工安全距离，长度应满足封顶网的遮护宽度要求，且宜设置在铁塔节点处，并考虑预留安装孔。跨越耐张段的铁塔不应采用拉线塔。

三、场地准备

（1）手续办理：施工前，涉外人员应提前将跨越网、牵引场、张力场需临时占用地与户主沟通，落实补偿手续，避免青赔阻拦。

（2）场地要求：施工前，牵张场应进行平整，对于临边处应设置硬围栏，并设置安全警示标志。提前对牵张场进场道路进行修拓、硬化。牵、张场应采用提示遮拦进行维护、隔离，实行封闭管理。牵、张场应布置休息室、工具房和指挥台，设置临时厕所。施工作业场地应进行围护、隔离、封闭，实行区域化管理。按作业内容分为施工作业区、材料加工区、设备材料堆放区等。施工区域应设置施工友情提示牌、施工现场风险管控公示牌、应急联络牌等，配备急救箱（包）及消防器材。机械设备等应按定置区域堆（摆）放，材料堆放应铺垫隔离，标识清晰，主要机械设备应设置设备状态牌和操作规程牌。

四、照明准备

（1）如果跨越施工安排在夜间进行，需在跨越点与整个放线段设计周密、可靠的照明方案，确保各施工操作点都有足够照明及可视标识。现场照明除了施工照明还需配备现场应急照明。照明灯的开关应控制相线。使用螺丝口灯头时，中性线应接在灯头的螺丝口上。

（2）电气设备及照明设备拆除后，不得留有可能带电的部分。

（3）用发电机供电应符合 GB 50194—2014《建设工程施工现场供用电安全规范》的规定。移动式发电机的使用应符合下列规定[1]：

1）发电机停放的地点应平坦，发电机底部距地面不应小于 0.3m。

2）发电机金属外壳和拖车应有可靠的接地措施。

3）发电机应固定牢固。

[1] GB 50194—2014《建设工程施工现场供用电安全规范》。

4）发电机应随车配备消防灭火器材。

5）发电机上部应设防雨棚，防雨棚应牢固、可靠。

第三节 施 工 组 织

一、施工项目部组织机构及职责分工

施工项目部组织机构如图 2－1 所示。

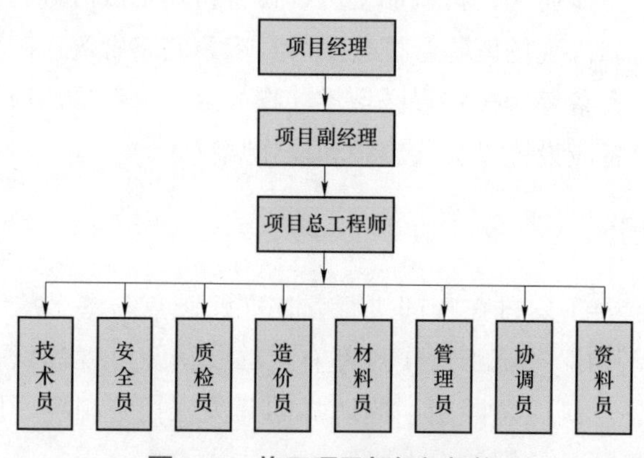

图 2－1 施工项目部组织机构

01 项目经理（副经理）

项目副经理是施工现场管理的第一责任人，全面负责施工项目部各项管理工作。

项目副经理主要协助施工项目经理履行职责，对工程安全、质量负直接领导责任。

02 项目总工程师/技术负责人

（1）调查踏勘施工现场，负责择优选择编制跨越施工方案，对跨越施工技术总体负责。

（2）要求对跨越点的各个关键点进行充分的受力计算，把施工风险降至可控状态。

（3）负责对施工方案的实施人进行技术交底。

03 质检员/技术员

（1）现场技术指导施工人员的施工，确保按施工方案实施。

（2）及时解决施工现场出现的技术问题，重大问题及时向技术负责人汇报。

（3）编排跨越施工的进度计划，确保跨越施工按跨越审批的时间准时跨越。

04 安全员

（1）负责现场标准化设施布置方案的策划，并监督相关人员按策划要求进行现场的布置。

（2）负责跨越架搭设、封网、拆除的安全监护。

（3）负责对跨越施工的材料和工器具进行检查。

（4）检查迪尼玛绳、钢丝绳等的外观质量及保护措施的落实。

（5）负责对跨越架及封顶网的验收工作。

（6）定期对查看跨越网与跨越点的距离，保证满足距离大于安全距离。

（7）负责对重要临锚点的巡视检查。

（8）负责施工现场的安全保卫工作。

05 造价员

负责收集、整理工程实施过程中造价管理工作有关基础资料。

06 项目部材料员

（1）负责对到达现场（仓库）的设备、材料进行型号、数量、质量的核对与检查。收集项目设备、材料及机具的质保等文件。

（2）负责工程项目完工后剩余材料的冲减退料工作。

（3）做好到场物资使用的跟踪管理。

07 项目部综合管理员

负责生活、后勤、安全保卫工作。

08 施工协调员

（1）负责与被跨越物所有单位的协调，如跨越铁路、公路、电力线等，办理各种跨越手续。

（2）负责跨越点青苗赔偿，与当地地方人员进行协商协调。

（3）跨越施工时，现场待命，及时协调处理以外情况。

二、施工队组织机构及分工

施工队组织机构图如图 2－2 所示。

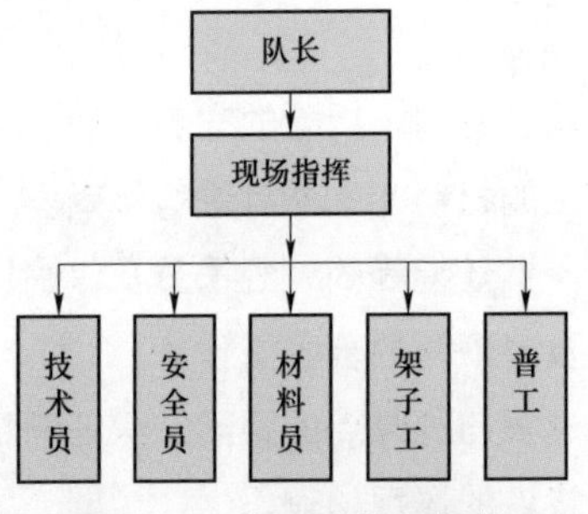

图 2－2　施工队组织机构

（1）队长，对跨越施工项目自开工至竣工，实施全过程、全面管理，即负责工程的组织、协调、安全健康、环境、质量、工期、材料、机具设备、文明施工以及生活等全面工作。是施工队的安全质量第一责任人。

（2）现场指挥，对施工现场全面负责，包括施工材料、机具的准备，现场人员分工及现场施工指挥等工作。

（3）技术员，负责跨越施工的技术支持、质量控制和工程相关技术资料收集、整理及上交工作。

（4）安全员，对本施工队的安全健康、环境管理工作进行现场管理。认真把安全健康、环境管理落实到施工生产的全过程，督促检查各项安全健康、环境管理制度执行情况和安全健康、环境管理工作计划实施情况，并认真做好安全监护工作。按规定组织和参加安全健康、环境检查，负责落实整改措施。组织对频发性事故原因分析和防范措施的落实，严格考核。协助队长定期召开安全文明施工例会，及时掌握安全文明施工情况，采取相应措施，保证安全文明施工。

（5）材料员，负责材料、机具的领退及保管等工作。

（6）架子工，负责跨越架的搭设、拆除等工作。

（7）普工，负责材料运输、协助搭设、拆除跨越架等工作。

第四节 跨 越 施 工

跨越施工现场负责安全、技术、施工协调等管理人员应驻守现场，严格按照施工安全风险管理办法，落实各级管理人员到岗到位工作要求。跨越输电线路施工前按要求开展现场安全风险复测，开具施工安全作业票（B 票）。按跨越施工方案要求布置现场，经监理人员检查确认，各项安全技术措施按方案内容落实到位。

建设管理单位应做好前期政策处理工作，协调地方政府，确保无障碍施工，不因政策处理原因影响跨越工期计划。现场实施各流程严格执行节点工期计划，在规定时间内完成规定的工作量。跨越施工辅助流程实施应匹配主流程的时间节点，并保有适当的提前量，不能干扰主流程的节点时间。建设管理单位应组建工程项目应急工作组，施工项目部应组建现场应急救援队伍，有组织的、高效率处理和解决施工中发生的突发事件。

停电跨越施工应加强引绳展放、导地线展放、紧挂线等关键工序的施工组织与衔接，确保停电计划的刚性执行。不停电跨越施工应加强跨越支撑系统安装、封网装置系统布置及拆除关键工序的施工组织，确保停电施工任务按计划完成。

跨越施工期间，应落实专人负责跨越支撑系统、锚桩布置系统、封网装置系统的检查与维护。跨越档两侧杆塔附件安装应采取防止导线或地线坠落的措施。在带电线路上方的导线上测量间隔棒距离时，应采用干燥的绝缘绳，严禁采用带金属丝的测绳。

第五节　人员、机具管理

一、人员管理

跨越施工负责人应具有三年以上相应专业工作经验，通过安全等级考核，经批准后方可担任。所有施工人员应经过技术方案交底和培训，掌握跨越施工的工艺流程和操作要领，清楚本身所承担的工作任务，掌握风险控制措施。特种作业人员、机械设备操作人员需经过相关培训考核合格，持证上岗。三级及以上施工安全风险管理人员到岗到位。

高处作业的人员应衣着灵便，穿软底防滑鞋，并正确佩戴个人防护用具。高处作业时，应使用全方位防冲击安全带，并应采用速差自控器等后备保护设施。安全带及后备防护设施应固定在构件上，不宜低挂高用。高处作业过程中，应随时检查扣结绑扎的牢靠情况。安全带在使用前应进行检查是否在有效期，是否有变形、破裂等情况，不得使用不合格的安全带。高处作业所用的工具和材料应放在工具袋内或用绳索拴在牢固的构件上，上下传递物件应使用绝缘绳索，不得抛掷，作业全过程应设专人监护。高处作业人员在攀登或转移作业位置时不得失去保护。杆塔上水平转移时应使用水平绳或设置临时扶手，垂直转移时应使用速差自控器或安全自锁器等装置。杆塔设计时应提供安全保护设施的安装用孔或装置。高处作业人员上下杆塔应沿脚钉或爬梯攀登，不得使用绳索或拉线上下杆塔，不得顺杆或单根构件下滑或上爬。凡参加高处作业的人员，应每年进行一次体检。患有不宜从事高处作业病症的人员，不得参加高处作业。在霜冻、雨雪后进行高处作业，人员应采取防冻和防滑措施。

在带电体附近进行高处作业时，与带电体的最小安全距离应符合表 2－2 的规定。邻近带电体的作业应编制安全技术措施，经总工程师批准后方可施工。近电作业人员使用近电报警装置。

表 2-2　　高处作业与带电体最小安全距离[1]

带电体的电压等级（kV）	≤10	35	66～110	220	330	500
工器具、安装构件、导线、地线与带电体的距离（m）	2.0	3.5	4.0	5.0	6.0	7.0
作业人员的活动范围与带电体的距离（m）	1.7	2.0	2.5	4.0	5.0	6.0
整体组立杆塔与带电体的距离（m）	应大于倒杆距离（自杆塔边缘到带电体的最近侧为最小安全距离）					

二、机具管理

（一）一般规定

施工机械及工器具（以下简称机具）应按出厂说明书和铭牌的规定使用，应由了解其性能并熟知安全操作规程的人员操作。机械设备应随即设置安全操作牌。机具应由专人保养维护，并定期试验。安全及绝缘工器具应设专人管理。收发应履行验收手续。

施工单位指定专人负责现场工器具管理，对工器具的使用、保养、维护、检查等进行管理和监督。工器具使用前了解其性能、结构，不允许超过额定参数使用。作业前检查外观、滚动滑动部位、易磨损位置、受力部位、保险装置、安全装置等，严禁“带病”使用。严禁以小带大和超载使用，检查需由专人负责并做好记录。

电动机具的转动部分应装设保护罩或遮拦，并保持润滑。电动机具的绝缘电阻应定期用 500V 的绝缘电阻表进行测量。

大型机具设备的作业场所，场地应平整无障碍，设备旁应留有符合规定的作业和维修空间，作业通道应保持畅通。有防火要求的，其作业场所应符合消防安全要求。

绝缘工具的有效长度不得小于表 2-3 的规定。

[1] DL 5009.2—2013《电力建设安全工作规程　第 2 部分：电力线路》。

表 2-3　　绝缘工具的有效长度[1]

工具名称	带电线路电压等级（kV）						
	≤10	35	66	110	220	330	500
绝缘操作杆（m）	0.7	0.9	1.0	1.3	2.1	3.1	4.0
绝缘承力工具、绝缘绳索（m）	0.4	0.6	0.7	1.0	1.8	2.8	3.7

注　传递用绝缘绳索的有效长度，应按绝缘操作杆的有效长度考虑。

（二）施工机械

1. 牵引机和张力机

（1）牵引机和张力机的选择。

主牵引机的额定牵引力按式（2-1）选用：

$$P \geqslant mK_{p}T_{p} \tag{2-1}$$

式中　P——主牵引机的额定牵引力，kN；

m——同时牵放子导线的根数；

K_{p}——选择主牵引机额定牵引力的系数，可取值 0.25～0.33；

T_{p}——被牵放导线的保证计算拉断力，kN。

主张力机单根导线额定制动张力按式（2-2）选用：

$$T = K_{T}T_{p} \tag{2-2}$$

式中　T——主张力机单导线额定制动张力，kN；

K_{T}——选择主张力机单导线额定制动张力的系数，可取值 0.17～0.20。

（2）张力机使用通用安全要求。

1）操作人员应按照使用说明书要求进行各项功能操作，不得超速、超载、超温、超压或带故障运行。

2）使用前应对设备的布置、锚固、接地装置以及机械系统进行全面的检查，并做运转试验。

3）张力机放线主卷筒槽底直径 $D \geqslant 40d-100$mm（d 为导线直径）。张力机的

[1] DL 5009.2—2013《电力建设安全工作规程　第 2 部分：电力线路》。

尾线轴架的制动力、反转力应与张力机相配套[1]。

4）张力机与相邻塔挂点的连线对地夹角以15°～20°为宜。

5）张力机应在明显位置固定产品标牌，标牌应包括表2-4中规定的内容。

6）张力机在经常需要检查、维修的重要部位，应设有提示标牌。

7）操作前清空载试车，张力机应做一次紧急制动试验，安全系数在牵引力为6t以下时定为1.3倍，在6t以上时定为1.15～1.2倍。

8）张力机的保养：

（a）专责司机要经常对设备进行维护、保养和清洁。

（b）要求轴瓦、转动摩擦部位，每运行24h注油一次。传动箱、液压油箱、发动机油底壳每天工作前要详细检查一次，如油位低于各部尺寸下限位置时，必须加足相应种类的油，否则严禁使用该机器。

（c）每天开机施工前，检查刹车，确保可靠有效。

（d）定期对液压油、齿轮油、耦合器与其他润滑油进行更换。

表2-4 标牌中应该包含内容

序号	应包含的内容
1	产品名称和型号
2	额定张力、额定放线速度
3	最大张力、最大放线速度
4	发动机型号、转速和功率
5	制造厂名称
6	外形尺寸
7	整机质量
8	出场编号、出场日期
9	特种设备制造许可证号

[1] DL 5319—2014《架空输电线路大跨越工程施工及验收规范》。

（3）牵引机使用通用安全要求。

1）操作人员应按照使用说明书要求进行各项功能操作，不得超速、超载、超温、超压或带故障运行。

2）使用前应对设备的布置、锚固、接地装置以及机械系统进行全面的检查，并做运转试验。

3）牵引机牵引卷筒槽底直径不得小于被牵引钢丝绳直径的 25 倍[❶]。对于使用频率较高的钢丝绳卷筒应定期检查槽底磨损状态，及时维修。

4）牵引机使用要严格执行机械设备的“三定”（定人、定机、定岗）制度，做到持证上岗，实行岗位责任制，未经培训的人员严禁操作。

5）操作人员坚持“一日三检”制度，定期对张力机进行紧固、调整、清洁、润滑、做好设备的维护保养工作。

6）操作人员在牵引机加速或减速时，要平稳控制和操作，避免冲击，除紧急停车外，正常情况下，均应减速停车。

7）开始牵引前，检查牵引（导引）绳的接地滑车是否安全可靠。同时，操作人员应脚踏厚度不小于 4cm 的绝缘模板上。正确佩戴安全帽，绝缘手套等安全防护措施。

8）在牵张放线过程中，除现场指挥外，其他人员不得向操作手下达操作指令，否则操作人员有权拒绝。

9）操作人员在牵引过程中，要随时观察设备的运行期情况，发现异常现象应立即停车，并马上向现场指挥人员报告，故障处理完毕后，方可牵引，牵引机严禁带故障运行。

10）每天放线结束后，要固定好刹车装置，在有张力的情况下过夜时，必须在牵引机前面，对牵引（导引）绳采取临锚措施，使牵引机处于不受力状态。

11）操作人员应坚持认真填写牵引机的运行、维修、保养记录，以便积累原始资料，健全机械设备档案。

12）牵引机其他操作、转场及运输方面的要求、应严格按照牵引机使用说明书和（牵张设备安全操作规程）执行。

---

❶ DL 5009.2—2013《电力建设安全工作规程　第 2 部分：电力线路》。

13）牵引作业时，先开张力机刹车，后开动牵引机，并逐渐加速到平稳牵引，防止牵引过程中导线出现大起大落现象。停机时先停牵引机，后停张力机。

14）导地线放线速度与张力要相互配合，正常牵引速度取50～80m/min为宜。

15）填写好机械运行及维护记录。

16）牵引场、张力场宜顺线路布置。

2. 机动绞磨和卷扬机

（1）绞磨和卷扬机应放置平稳，锚固应可靠，并有防滑动措施。受力前方不得有人。卷扬机使用之前，应进行检查和试车，确认卷扬机设置稳固，防护设施完备。

（2）作业中，人员不得跨越正在作业的卷扬钢丝绳。物件提升后，操作人员不得离开机械。拉磨尾绳不应少于2人，且应位于锚桩后面、绳圈外侧，不得站在绳圈内[1]。被吊物件或吊笼下面不应有人员停留或通过。

（3）机动绞磨宜设置过载保护装置。不得采用松尾绳的方法卸荷。机动绞磨和卷扬机不得带载荷过夜。拖拉机绞磨两轮胎应在同一水平面上，前后支架应均衡受力。

（4）卷筒应与牵引绳保持垂直。牵引绳应从卷筒下方卷入，且排列整齐，通过磨心时不得重叠或相互缠绕，在卷筒或磨心上缠绕不得少于5圈，绞磨卷筒与牵引绳最近的转向滑车应保持5m以上的距离[2]。

（三）工器具

1. 钢丝绳

（1）钢丝绳应具有产品检验合格证。钢丝绳端部用绳卡固定连接时，绳卡压板应在钢丝绳主要受力的一边，并不得正反交叉设置。绳卡间距不应小于钢丝绳直径的6倍，连接端的绳卡数量应符合表2-5的规定。插接的环绳或绳套，其插接长度应不小于钢丝绳直径的15倍，且不得小于300mm[3]。新插接的钢丝绳套应作125%允许负荷的抽样试验。通过滑车或卷筒的钢丝绳不得有接头。

---

[1] DL 5009.2—2013《电力建设安全工作规程　第2部分：电力线路》。

[2] DL 5009.2—2013《电力建设安全工作规程　第2部分：电力线路》。

[3] DL 5009.2—2013《电力建设安全工作规程　第2部分：电力线路》。

表 2-5　　钢丝绳端部固定用绳卡的数量[1]

钢丝绳直径（mm）	6～16	17～27	28～37	38～45
绳卡数量（个）	3	4	5	6

（2）钢丝绳报废标准。钢丝绳使用到一定的损坏程度时，必须按规定报废，其报废标准如下：

1）每一节距（也称捻距，指钢丝绳中的任何一股缠绕一周的轴向长度）内钢丝断裂的数目超过表 2-6 规定的数目时报废。钢丝绳断丝数量不多，但断丝增加很快时也应报废。

表 2-6　　钢丝绳报废断丝数

结构形式 / 断丝根数 / 安全系数 K	6×19		6×37	
	交互捻	同向捻	交互捻	同向捻
小于 6	12	6	22	11
6～7	14	7	26	13
大于 7	16	8	30	15

2）钢丝绳的钢丝磨损或腐蚀达到或超过原来钢丝直径的 40%以上时，即应报废。在 40%以内者应按表 2-7 降级使用。当整根钢丝绳表面受腐蚀而形成的麻面达到肉眼很容易看出的程度时，应报废。

表 2-7　　折减系数

钢丝表面磨损或腐蚀量（%）	折减系数（%）	钢丝表面磨损或腐蚀盘（%）	折减系数（%）
10	85	25	60
15	75	30～40	50
20	70	大于 40	0

[1] DL 5009.2—2013《电力建设安全工作规程　第 2 部分：电力线路》。

3）钢丝绳受过火烧或局部电弧作用应报废。

4）钢丝绳压扁变形、有绳股或钢丝挤出、笼形畸变、绳径局部增大、扭结、弯折时应报废。

5）钢丝绳绳芯损坏而造成绳径显著减少（达 7%）时应报废。

6）吊运炽热金属或危险品的钢丝绳，报废断丝数取通用起重机钢丝绳断丝数的一半，其中包括钢丝绳表面磨损或腐蚀的折减。

2. 编织防扭钢丝绳

编织防扭钢丝绳不宜用作起重绳通过滑车吊装重物，不得接续插接使用。编织防扭钢丝绳的两端应插套，插接长度不应小于绳节距的 4 倍。

3. 合成纤维吊装带、棕绳和化纤绳[1]

（1）各种纤维绳（含棕绳及化纤绳）的安全系数不得小于 5，合成纤维吊装带的安全系数不得小于 6。

（2）棕绳（麻绳）。

1）棕绳（麻绳）不得用在机动机构中起吊构件，仅限于手动操作提升物件，或作为控制绳等辅助绳索的使用。

2）棕绳（麻绳）用于手动机构时，卷筒或滑轮的槽底直径应大于绳径的 10 倍。

3）使用允许拉力不得大于 9.8N/mm^2。用于捆绑或在潮湿状态时应按允许拉力减半使用。

4）棕绳霉烂、腐蚀、断股或损伤者不得使用，绳索不得修补使用。

5）捆扎物件时，应避免绳索直接与物件尖锐处接触。

4. 地锚

各种锚桩的使用应符合作业指导书的规定，安全系数不得小于 2。立锚桩应有防止上拔的措施，不得使用已运行的杆塔作锚桩[2]。锚体强度应满足相连接的绳索的受力要求。钢质锚体的加强筋或拉环等焊接缝有裂纹或变形时应重新焊接。木质锚体应使用质地坚硬的木料。发现有虫蛀、腐烂变质者禁止使用。地锚应采取避免被雨水浸泡的措施。地锚埋设应设专人检查验收，回填土层应逐层夯实。

---

[1] DL 5009.2—2013《电力建设安全工作规程　第 2 部分：电力线路》。

[2] DL 5009.2—2013《电力建设安全工作规程　第 2 部分：电力线路》。

不得利用树木或外露岩石等承力大小不明物体作为主要受力钢丝绳的地锚。

（四）安全及绝缘工器具

1. 接地线

（1）工作接地线应用多股软铜线，截面积不得小于 25mm²，接地线应有透明外护层，护层厚度大于 1mm。

（2）接地线的两端线夹应保证接地线与导体和接地装置接触良好、拆装方便。

（3）保安接地线仅作为预防感应电使用，不得以此代替工作接地线。保安接地线应使用截面积不小于 16mm² 的多股软铜线。

（4）接地线有绞线断股、护套严重破损以及夹具断裂松动等缺陷时禁止使用。

2. 绝缘绳、网

（1）新购置或翻新的绝缘绳、网应进行外观检查验收。

（2）绝缘绳成卷用塑料袋密封，并置于专用报装内。

（3）绝缘绳、网在现场应按规格、类别及用途整齐摆放，并采取有效的防水措施。

（4）施工用到的绝缘绳、网，在施工前采用 2500V 及以上绝缘电阻表或绝缘检测仪进行分段绝缘检测（电极宽 20mm，极间宽 20mm），电阻值应不低于 700MΩ。试验合格方可准入施工现场。每次使用前进行外观检查，有严重磨损、断股、污秽及受潮时禁止使用。

（5）绝缘绳（包括各种化纤绳）使用安全措施，这里重点针对迪尼玛绳提出安全要求，同时也适用其他种类绝缘绳。

1）迪尼玛绳没有检验合格标识者不得使用。

2）迪尼玛绳有断股时，严禁使用。应将断股处截断重插编绳套，插接有效长度应大于或等于迪尼玛绳公称直径的 50 倍（相当于 6 个编距）。绳套环扣的长度应为迪尼玛绳公称直径的 10 倍。

3）凡发现有断丝、烧损伤等现象时，严禁使用，并在绳端用标签标识清楚，报告现场技术负责人，进行修复和试验验证。

4）外护套若有损伤但未断丝的部位，应及时修补。迪尼玛绳纤维不允许裸露在外。迪尼玛绳两端回头绳套属于易损部位，应用软胶套包裹保护，防止绳套受损伤。

5）防止超负荷、超性能使用，使用安全系数应大于 6。严禁以小代大，禁止超负荷、超性能使用，严禁将迪尼玛绳受力后留置过夜。

6）防火源、热源和摩擦发热损伤。迪尼玛绳在使用中严重接触火源、电弧和热源烧伤，不允许与物件间反复摩擦发热导致热烧伤或熔断。工作环境温度应低于 60℃。

7）防尖利硬物摩擦、撞击、挤压。迪尼玛绳使用中应注意防止与尖利硬物摩擦、撞击、挤压而导致损伤。

8）防止打结和系扣折弯锚接。迪尼玛绳使用中严禁打绳结、折弯、系扣或打背扣等方式锚接，必须通过绳端的回头绳套与卸扣及钢丝绳连接（回头绳套应用软胶套包裹保护）。若需要接长迪尼玛绳可以利用迪尼玛绳两端编插的连接环扣直接套接。用连接器连接时，连接器的穿销直径宜大于迪尼玛绳公称直径的 2 倍。

9）过转向滑车时，滑车的槽底直径应大于迪尼玛绳公称直径的 11 倍。

10）牵引迪尼玛绳的双摩擦轮卷筒的槽底直径应大于迪尼玛绳公称直径的 25 倍。

11）迪尼玛绳使用中应注意防潮，保持干燥、清洁，不得接触水、油污、固体颗粒等，不得直接与地面接触，需要搁置地面时应用帆布或编织袋衬垫。严禁雨天或潮湿的气候条件下使用迪尼玛绳接触带电体。

12）绳与绳及绳与导引绳之间的连接必须采用坑弯连接器，以方便施工。在施工中不得用小绳压迪尼玛绳或用硬器敲打迪尼玛绳。此外在牵引过程中严禁松磨，只准往前牵引，否则就会造成护套与里面的迪尼玛像脱离，并形成“灯笼”，易拉断。

13）迪尼玛绳使用后的维护。

（a）若迪尼玛绳使用后外表粘有泥污，可用软毛刷加以清洁后，盘好置于库房清洁干燥处。

（b）若迪尼玛绳受潮，应晾晒干后再使用或存放。

（c）若迪尼玛绳污染油污，应及时用中性洗洁剂和清洁淡水将迪尼玛绳清洗干净，晾晒干或烘干（烘干温度应低于 70℃）后再使用或存放。

（d）若在空气中含盐分较多的地区使用后，应用清洁的淡水将迪尼玛绳冲洗干净，晾晒干或烘干后再存放。

第六节 现场应急处置

为有效应对突发环境事件，施工现场应制定现场应急处置方案。其中应包括成立应急组织机构及职责、应急处置措施等内容。根据现场需要，现场应急处置方案中一般应包括（但不限于）：

（1）人身事件现场应急处置。

（2）垮（坍）塌事故现场应急处置。

（3）火灾、爆炸事故现场应急处置。

（4）触电事故现场应急处置。

（5）机械设备事件现场应急处置。

（6）食物中毒事件施工现场应急处置。

（7）环境污染事件现场应急处置。

（8）自然灾害现场应急处置。

（9）急性传染病现场应急处置。

（10）群体突发事件现场应急处置。

一、应急组织机构

按照有关要求，业主项目部组建工程项目应急工作组。组长由业主项目部经理担任，副组长由总监理工程师、施工项目经理担任，工作组成员由工程项目业主、监理、施工项目部的安全、技术人员组成。施工项目部负责组建现场应急救援队伍。

同时，施工项目部成立施工应急救援队伍，项目经理任总指挥，项目总工任现场指挥，安全、技术、质量、材料、综合办、施工协调、驾驶员、分包商等部门人员作为主要成员，分别负责安全警戒、抢险救援、后勤保障等工作。

施工现场应挂设主要负责人员的应急联络方式、应急救援路线等标牌以及应急物资和急救药箱等。

二、应急处置措施

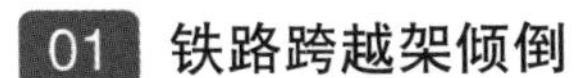

01 铁路跨越架倾倒

潜在危害：可能中断铁路行车。处理措施如下：

（1）先通知跨越点区间两端车站，站行车室利用无线电喊停列车，或两人顺铁路线分别向铁路的两个方向往最远处跑拦截火车，并手持红旗或头戴红色安全帽等。拦截时应确保自身安全。

（2）再通知铁路相关单位派人抢修、救援，在采取积极有效措施确保行车、人身安全的基础上，及时配合铁路单位清理线路上障碍物，恢复设备正常使用，迅速开通线路。

02 高速公路跨越架倾倒

潜在危害：可能中断高速通车、人员伤亡。处理措施如下：

（1）如跨越架体掉落至高速公路路面，需第一时间报警，并及时对落入高速路面的架体来车方向进行防护，摆放警示标识标牌，做好安全预警，避免引发交通事故，并迅速撤离掉落至高速路面上的架体。

（2）如因跨越架体掉落至高速公路路面造成交通事故的发生，第一时间报警，并及时对事故区域进行防护，摆放警示标识标牌，做好安全预警，交通引导员迅速以手势或摇旗的形式指引驾驶员绕开行驶，预防事故进一步的加剧。

03 高空坠落、物体打击和坠物伤人

潜在危害：人员伤亡。处理措施如下：

（1）各种打击造成的创伤急救，应先使伤员安静平躺，判断其受伤程度，如有无出血、骨折和休克等。

（2）外部出血时应立即采取止血措施，用清洁的布带绑扎伤口，防止失血过多而休克。

（3）外部无伤，但受伤者呈现休克状态、神志不清或昏迷，表现为面色

苍白、脉搏细弱、气促、冷汗淋漓，则可能有内脏破裂出血情况，应迅速使伤者躺平，抬高下肢，保持温暖。在搬运和转送伤者时，绝对禁止一个抬肩一个抬腿的方式，以免发生或加重截瘫。搬运时颈部和躯干不能前屈或扭转，而应使脊柱伸直，快速平稳的送医院救治。

（4）肢体明显有骨折时可用木板或木棍、竹杆等物将断骨上、下两个关节固定，并避免骨折部位移动，以减少疼痛，防止伤势恶化。

04 触电抢救

潜在危害：人员伤亡。处理措施如下：

（1）触电急救必须分秒必争，首先要使触电者迅速脱离电源，抢救人员不得直接徒手将触电者拉开，应使用绝缘杆或干燥的木棍将触电者剥离电源。

（2）触电者若神志清醒，应使其就地躺平，严密观察，暂时不要站立或走动。

（3）触电者神志不清或呼吸和心跳均停止时，应使其就地平躺，确保气道通畅，立即就地坚持正确的抢救（心肺复苏法），并尽快联系医疗部门或医护人员接替救治。

（4）心肺复苏法抢救的三项基本措施为通畅气道、口对口人工呼吸和胸外按压。

（5）通畅气道：伤员平躺，仰头抬颌，使其舌根抬起，气道畅通。

（6）口对口人工呼吸：持续吹气 1s 以上，首次吹气两口。每次吹气量不要过大（500～600mL），以胸廓明显上抬为原则，避免大气量或强用力，避免过度通气。

（7）胸外按压：右手的食指和中指沿触电伤员的右侧肋弓下缘向上，找到肋骨和胸骨结合处的中点。两手指并齐，中指放在切迹中点，食指平放在胸骨下部。左右的掌根紧挨右手指上缘，置于胸骨上，即为正确的按压。

（8）救护人员两肩位于伤员胸骨正上方，两臂伸直，肘关节固定不屈，两手掌根相叠，手指翘起，不触及伤员胸壁。

（9）以髋关节为支点，利用上身的重力，垂直将正常成人的胸骨压陷 5cm。压至要求程度后，立即全部放松，但放松时救护人员的掌根不得离开胸壁。

（10）用力、快速胸外按压，以达到每分钟至少 100 次的按压频率，按压深度至少 5cm，按压时胸廓应充分回弹，同时尽量避免胸外按压的中断。

（11）在医务人员未接替抢救前，现场抢救人员不得放弃现场抢救。

05 施工现场发生交通事故

（1）施工现场发生交通事故造成人员伤亡或车辆堵塞时应第一时间报警，现场交通引导员及时报告高速公路经营单位、路政及交警部门。

（2）现场人员配合交警严格保护事故现场，并采取必要措施抢救人员和财产，防止事故扩大和损失加重。

（3）现场人员配合交警、路政、清障施救部门开展应急救援工作，在交警指挥下疏通供救援车辆通行的应急通道，配合交警部门实行交通管制及车辆疏导与分流，做好安全预警工作。

06 危险品车辆在施工区域出现交通事故

（1）立即向交警、路政单位等相关管理部门汇报。

（2）现场人员配合交警进行现场维护，然后组织附近的施工人员迅速撤离事故现场。

（3）现场人员配合交警维护交通秩序，在事发地点前用禁止通行（随车携带）等标志做好安全防护，阻止车辆和人员靠近事故车辆。

（4）全力配合交警、路政单位等相关管理部门做好现场的事故处理工作。

07 施工现场发生车辆堵塞

施工区域一旦发现车辆堵塞情况，现场人员要立即掌握造成车辆堵塞的原因、现场通行情况、有无人员伤亡等信息，迅速上报高速公路经营单位、交警及路政部门。

（1）因车流量大造成车辆堵塞，在高速公路经营单位、交警及路政部门指挥下，组织现场人员进行现场的安全预警与防护，并分段安排人员有序组织车辆疏导，确保车辆安全通过施工现场，必要时暂停施工恢复高速公路正常通行。查看现场安全设施，保证警示标识、设施齐全、状态正常。

（2）因车辆抛锚造成车辆堵塞，发现因车辆故障造成交通堵塞时，应在高速公路经营单位、交警及路政部门的指挥下，对故障车辆进行安全防护，摆放警示标识标牌，做好安全预警，避免引发交通事故及次生事故。根据车辆抛锚的位置，如属于小型车辆，并且抛锚位置距离安全区域比较近，在高速公路经营单位、交警及路政部门的指挥下做好防护的同时，采用人工推的方式，把故障车辆推入到安全区域或应急车道内；如人工无法移动，通过相关部门派出救援车辆进行排障施救，在等待救援车辆到达现场的同时需要对故障车辆做好防护，同时为了不影响其他车辆正常通行，必要时可暂停施工，恢复高速公路其他车道通行。

第三章

跨越电力线路安全要求

跨越电力线路一般分为完全不停电跨越、带电跨越（搭架、拆架及封网、拆网时短时停电）、停电跨越三类。因停电对电网安全稳定运行造成影响的，采用带电跨越或不停电跨越。

各单位跨越 500kV 及以上线路时以停电跨越方式居多，部分 220kV 跨越时采取停电跨越。

第一节　一　般　要　求

✦ 跨越不停电电力线的跨越架，应适当加固并应用绝缘材料封顶。

✦ 参加跨越不停电线路的施工人员必须熟练掌握跨越施工方法并熟悉安全措施，经单位组织培训和技术交底后方可参加跨越施工。

✦ 跨越架架面（含拉线）在被跨越线路导线发生风偏后仍应与其保持的最小安全距离（D_{min}），见表 3－1[1]。

✦ 跨越施工完成后，应尽快将带电线路上方的封顶网、绳拆除。

[1] DL 5106—1999《跨越电力线路架线施工规程》。

表 3-1　　跨越架对电力线路的最小安全距离

跨越架部位	被跨越电力线路电压等级（kV）					
	≤10	35	66～110	154～220	330	500
架面（或拉线）与导线水平距离（或垂直距离）（m）	1.5	1.5	2.0	2.5	5.0	6.0
无地线时，封顶网（杆）与导线垂直距离（m）	1.5	1.5	2.0	2.5	4.0	5.0
有地线时，封顶网（杆）与地线垂直距离（m）	0.5	0.5	1.0	1.5	2.6	3.6

第二节　跨越架型式选择

对于新建架空输电线路跨越档内有一处或多处电力线路而又无法停电的情况，优先选择“悬索跨越架”，即无跨越架封网跨越[1]。

因其承力索、封顶网等主要构件都是绳索或用绳索制造的，并且都悬挂在空中，因此称其为“悬索跨越架”，俗称“吊桥”。

一、悬索跨越架型式

在跨越档两端铁塔上设置临时横担（横梁）作支撑装置代替跨越架（如图 3-1 所示），支撑装置可采用临时通长横梁、临时分段式横梁及软索柔性支撑装置等三种形式。

图 3-1　临时通长横梁作为跨越架

[1] 《国家电网公司输变电工程典型施工方法》（第一辑）。

二、悬索跨越架适用范围

悬索跨越架最大允许档距见表 3－2。事故工况下不同迪尼玛绳和导线规格下的承力索最大张力见表 3－3。

表 3－2　　悬索跨越架最大允许档距　　（m）

导线展放方式	导线规格	允许最大档距			
		承力索绝缘段迪尼玛绳型号（mm）			
		ϕ16	ϕ18	ϕ20	ϕ22
一牵六	LGJ400/50	195	257	310	373
	LGJ500/45	179	235	283	339
	LGJ630/45	153	201	242	286
一牵四	LGJ300/40	316	450	528	693
	LGJ400/35	282	389	463	588
	LGJ500/35	247	334	399	493
	LGJ630/45	210	278	334	405
	LGJ720/50	187	245	296	355
	LGJ800/55	171	224	271	322

表 3－3　　事故工况下不同迪尼玛绳和导线规格下的承力索最大张力　　（N）

导线展放方式	导线规格	ϕ16mm 迪尼玛绳				ϕ18mm 迪尼玛绳				
		档距（m）				档距（m）				
		100	200	300	400	100	200	300	400	500
一牵四	LGJ300/40	14 102	22 089	28 471	—	15 630	24 385	31 296	37 057	41 981
	LGJ400/35	15 143	23 752	30 662	—	16 767	26 200	33 683	39 954	—
	LGJ500/35	16 502	25 927	33 529	—	18 253	28 574	36 807	43 748	—
	LGJ630/45	18 354	28 892	37 441	—	20 279	31 812	41 071	—	—
	LGJ720/50	19 801	31 212	—	—	21 861	34 344	44 409	—	—
	LGJ800/55	20 989	33 117	—	—	23 161	36 425	47 153	—	—
一牵六	LGJ400/50	19 236	30 306	—	—	21 244	33 356	43 106	—	—
	LGJ500/45	20 343	32 082	—	—	22 455	35 294	45 661	—	—
	LGJ630/45	22 583	35 675	—	—	24 905	39 218	—	—	—

续表

导线展放方式	导线规格	φ20mm 迪尼玛绳					φ22mm 迪尼玛绳				
		档距（m）					档距（m）				
		100	200	300	400	500	100	200	300	400	500
一牵四	LGJ300/40	16 692	25 991	33 286	39 327	44 454	18 158	28 146	35 868	42 165	47 425
	LGJ400/35	17 894	27 907	35 804	42 380	47 994	19 444	30 195	38 557	45 418	51 187
	LGJ500/35	19 465	30 414	39 100	46 379	—	21 126	32 876	42 077	49 682	56 125
	LGJ630/45	21 606	33 834	43 600	51 845	—	23 421	36 537	46 887	55 514	—
	LGJ720/50	23 280	36 510	47 123	—	—	25 215	39 401	50 655	60 086	—
	LGJ800/55	24 654	38 708	50 020	—	—	26 689	41 756	53 753	63 848	—
一牵六	LGJ400/50	22 627	35 465	45 748	—	—	24 515	38 283	49 184	58 301	—
	LGJ500/45	23 908	37 513	48 446	—	—	25 888	40 476	52 069	61 804	—
	LGJ630/45	26 499	41 659	53 911	—	—	28 667	44 917	57 915	—	—

三、安全措施

（一）临时横梁

1. 临时横梁要求

临时横梁宜采用钢结构，悬吊于跨越档内侧。横梁中心应设置在新建线路每相（极）导线的中心垂直投影上。临时横梁断面尺寸应符合施工作业指导书的规定，常用断面尺寸为：新建线路为超高压、特高压时，临时横梁断面分别不宜小于 500mm × 500mm、600mm × 600mm[1]。临时横梁悬挂高度最高在放线滑车下平面 1m 处，既能保证导线放线滑车与临时横梁的安全距离，最低高度又能满足跨越施工需求[2]。挂在临时横梁上的支撑滑车应打设双保险，即使支撑滑车失效，仍能保证承力索不失去支撑。

2. 临时横梁长度

临时横梁长度=双侧地线滑车水平间距 +（风偏 + 安全距离 + 滑车宽度）× 2，且应满足封网宽度需要。跨越不同电压等级对应临时横梁长度见表 3 – 4。

[1] 《国家电网公司输变电工程典型施工方法》（第一辑）。

[2] 《输电线路跨越施工典型方案》（白林杰）。

表 3-4　　跨越不同电压等级对应临时横梁长度

被跨越电压等级（kV）	两边相导地线最大水平距离（m）	临时横梁长度（m）
220	14	25
500	28	43

注　假设新建线路为 1000kV。

3. 临时横梁吊装

（1）临时横梁吊装前，检查横梁分段联结螺栓应齐全、紧固。当横梁长度超过 20m 时，应采用 4 点起吊，如图 3-2 所示。

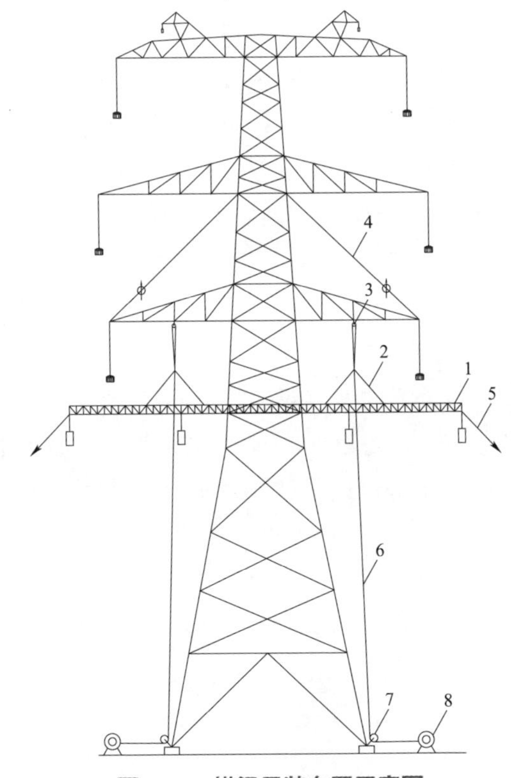

图 3-2　横梁吊装布置示意图

1—临时横梁；2—起吊绳；3—起吊滑车；4—补强钢绳；5—控制绳；6—牵引绳；7—地滑车；8—绞磨

（2）起吊前在横梁规定位置装好悬挂绳、控制绳、临时拉线及承力索支承滑车等。

（3）横梁起吊时，利用控制绳使横梁离开塔身0.2～0.5m。

（4）当横梁吊至设计位置时，绞磨应暂停牵引，将悬吊绳逐一挂到横担的预定位置。

（5）调整并收紧横梁临时拉线，使横梁位于横线路方向的中心线上。

（二）承力索

（1）承力索应用纤维编织绳，其综合安全系数在事故状态下应不小于 6，钢丝绳应不小于5。拉网（杆）绳、牵引绳的安全系数应不小于4.5。网撑杆的强度和抗弯能力应根据实际荷载要求，安全系数不应小于 3，承力索悬吊绳安全系数应不小于5❶。

（2）承力索一端宜设置张力可调节装置。承力索的弧垂须按施工设计要求进行安装，承力索宜串接测力仪对张力进行检测。每次导线展放前、后或雨雪天气后，必须对承力索（封顶网）的弧垂进行检测，必要时对其进行调整。

（3）承力索锚地端对地夹角不得大于 25°❷。承力索地锚回填土应高于地面300mm，堆积面积应大于2m^2，并在表面覆盖3m×3m的彩条布。注意防止地锚基面附近积水或有流水通道。

（三）封网装置

1. 封网装置宽度的规定

封网装置宽度即横线路方向伸出新建线路导线的宽度，在考虑导线风偏后，限制跨越档不大于300m时，对于500kV输电线路的导线为LGJ300～LGJ900，其封网装置宽度不应小于 6m。对于 1000kV 输电线路的导线为 LGJ400～LGJ900，其封网装置宽度不应小于8m❸。

2. 封网长度计算（具体计算公式见附录5）

对于被跨电力线路电压为220kV（被跨电力线两边线间的水平距离 B =14m）和 500kV（被跨电力线两边线间的水平距离 B =28m），按不同封网宽度计算新建线路的单相导线封网长度 L_1 值，见表3－5。

❶ DL 5009.2—2013《电力建设安全工作规程　第2部分：电力线路》。

❷《国家电网公司输变电工程典型施工方法》（第一辑）。

❸《国家电网公司输变电工程典型施工方法》（第一辑）。

表 3-5　　封网长度参考值 L_1[1]

交叉角（°）	被跨电力线线路电压（kV）			
	220		500	
	B_w=6m	B_w=8m	B_w=6m	B_w=8m
30	78.4	81.9	106.4	109.9
40	69.2	71.5	91.2	93.5
50	63.3	65.0	82.0	83.7
60	59.7	60.8	75.5	76.6
70	57.2	57.9	72.2	72.9
80	55.1	55.4	69.5	69.8

3. 封网操作

封网装置中的撑网杆长度应大于封网宽度约 50mm[2]。近塔侧应采用经包胶处理的钢绞线作为加固绳。封网完成后，对承力索进行可靠接地，使用软铜丝线对承托绳进行缠绕，长度不小于 10cm，软铜线另一端与铁塔连接防止跨越网感应电伤人。被跨物为带电体，封顶网及承力索材质必须为绝缘体。

4. 封顶网的分类及适用范围

（1）纯网式封顶网：用合成纤维绳、迪尼玛绳等铺设的封顶网，包括主承力索，编织网等，封顶网的顺线路网格不大于 1m，横线路网格不大于 2m，如图 3-3 所示。此种封顶网的在外力的作用下变形较大，较适用于简易跨越架间的封网或跨越较小的情况，如跨越公路、铁路等，跨距不宜超 50m。

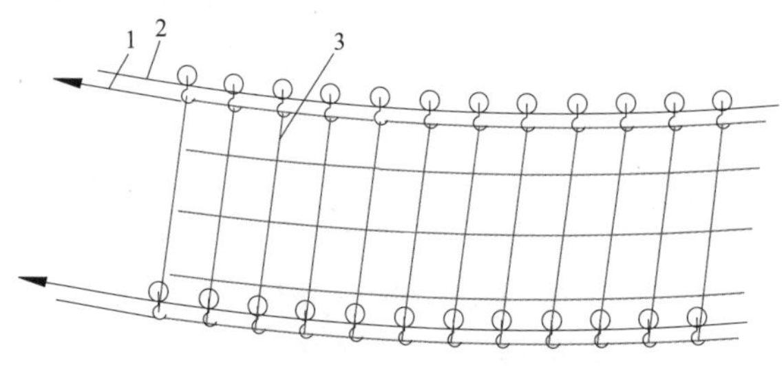

图 3-3　纯网式封顶网示意图

1—拉绳；2—承力索；3—编制网

[1] 《国家电网公司输变电工程典型施工方法》（第一辑）。

[2] 《国家电网公司输变电工程典型施工方法》（第一辑）。

（2）纯杆式封顶网：用竹杆、绝缘纤维管等铺设的封顶网，杆间距一般为1～2m。此种封顶网在外力的作用下变形很小。绝缘网杆与承力索直接连接时，称为平面杆网，如图3－4所示，包括承力索，绝缘杆等。绝缘网杆通过垂直绳与承力索连接时成为吊篮式杆网，如图3－5所示。纯杆式封顶网较适用于跨距较大的情况，如无跨越架式封网，跨距不宜超300m。

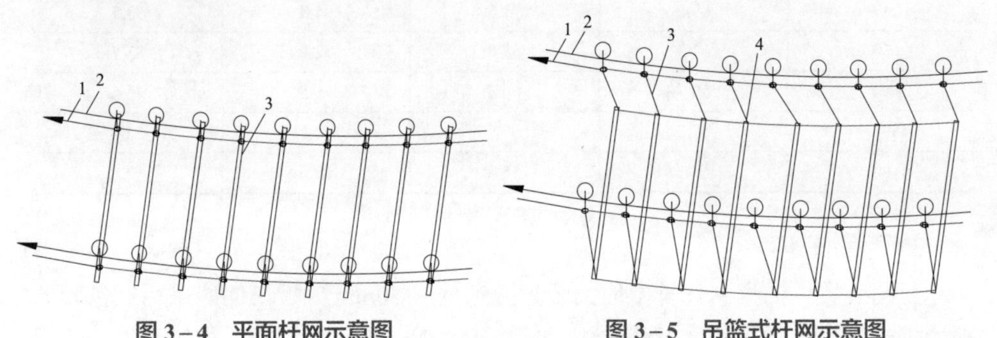

图3－4　平面杆网示意图

1—拉绳；2—承力索；3—绝缘杆

图3－5　吊篮式杆网示意图

1—拉绳；2—承力索；3—垂直绳；4—绝缘杆

（3）网杆结合式封顶网：用合成纤维绳、迪尼玛绳、绝缘网撑等铺设的封顶网，如图3－6所示。此种封顶网有利于控制承力索在档距中间向内收缩（俗称“缩腰”），以保持封网宽度，网撑间距一般不大于15m，网杆结合式封顶网适用于跨越较大，跨越不宜超150m。

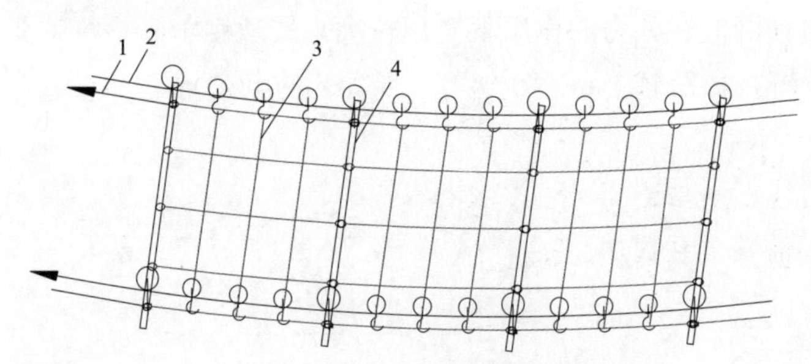

图3－6　网杆结合式封顶网示意图

1—拉绳；2—承力索；3—编制网；4—绝缘网撑

5. 封顶网安全要求

（1）封顶网长度依需要保护被跨越物实际宽度而定，绝缘网长度宜伸出被跨越物最外侧外各大于10m。

（2）封网装置的两端撑处应分别配置一条带绝缘套的钢丝绳做保险绳，其强度应能承担导线落于封顶网时的冲击力。

（3）为防止绝缘网在承力索上滑动，需在绝缘网两端分别设置 2 根拉网绳和封网绳，其强度应与承力索同等级配置。

6. 封顶网的安装

（1）在得到被跨物所有方的许可后，方可进行封网作业。

（2）首先用抛绳器或人力将初级引绳临空抛过抛过被跨物后，立即两端张拉升空。初级引绳宜选用ϕ2～ϕ4mm 的迪尼玛绳。

（3）利用初级引绳牵引一根ϕ6～ϕ8mm 的迪尼玛绳，放通后作为循环绳使用。循环绳展放过程尾端应略带张力，控制其高度确保不磨触被跨物。

（4）利用循环绳带张力展放拉网绳，牵到后两端头临时锚固在跨越架或横梁（无跨架）上。利用循环绳从相反方向展放承力索，采用无跨越方式时承力索通支承滑车引至地面通过葫与地锚连接，利用葫芦调节好弧垂，有跨越架方式将承力索一端直接锁在跨越架上，另一端通葫芦与跨越架连接，以便调节安装弧垂。

（5）承力索锚固后开始挂设封顶网。在地面组装好封顶网并吊至跨越架或横梁上，封顶网首端两个边角分别连接拉网绳，将吊网滑车逐个安装到承力索上，待封顶网安装完毕后，在封顶网尾端两个边角上分别连接封网绳，在对侧跨越架或横梁上引拽拉网绳，封顶网尾端的封网绳同步松出。

（6）将封顶网拉至被跨物正上方，位置合适后分别利用两端的封网绳和拉网绳将绝缘网锚固，同时利用葫芦调节承力索张力，使封顶网弧垂符合方案要求。

7. 承力索的安全要求

（1）承力索若采用迪尼玛绳，规格应不小于ϕ14mm，其强度应满足在事故状态下不小于 6 倍安全系数。

（2）承力索两端通过配套的卸扣、钢丝绳、葫芦与跨越架或地锚（无跨越架方式）连接。

（3）承力索若使用新的迪尼玛绳，使用前应经预拉伸，以消除编织绳的结构性伸长。

（四）跨越系统的拆除

跨越档两端铁塔导地线均已附件安装完毕，方准拆除封网装置。拆除顺序为：先拆封网装置，再拆承力索，最后拆索循环绳。封网装置应选择向较近的跨越架或横梁

处牵拉后拆下。

（五）拉线

临时横梁的顺线路方向宜布置前后侧拉线。如果距被跨越电力线路较近时，跨越档内侧的拉线宜采用绝缘高强度纤维绳。拉线布置应对称。拉线长度因受地形限制不尽相同，根据实际情况自行调试确定长度，拉线对地夹角不得大于45°[1]。在边相承托绳上搭设拉线，防止大风天气下网翻转。

（六）地锚

（1）常用的地锚有临时双角钢地锚、圆钢地锚、使用大铁锤直接打入地中进行拉锚。有圆木地锚、钢板地锚等，现在为多次周转使用，大多使用钢板地锚。线路工程现在使用5t钢板地锚较多，10t钢板地锚主要用于张牵力放线锚固牵引机、张力机。弯曲和变形严重的钢质地锚禁止使用。木质锚桩应使用木质较硬的木料，有严重损伤、纵向裂纹和出现横向裂纹时禁止使用。木质地锚应选用落叶松、杉木等坚实木料，严禁使用质脆或腐朽木料。埋设前应涂刷防腐油并在钢丝绳捆绑处加钢管和角钢保护。

（2）各种锚桩的使用应符合作业指导书的规定，安全系数不得小于2[2]。立锚桩应有防止上拔的措施，不得使用已运行的杆塔作锚桩。

（3）拖拉绳与水平面的夹角一般以30°以下为宜，地锚基坑出线点（即钢丝绳穿过土层后露出地面处）前方坑深2.5倍范围及基坑两侧2m以内，不得有地沟、电缆、地下管道等构筑物以及临时挖沟等。

（4）地锚的分布及埋设深度应根据地锚的受力情况及土质情况确定。地锚埋设后应进行详细检查，试吊时应指定专人看守。不同土质条件下地锚埋深选择见表3-6和表3-7。

表3-6　1500×400钢板地锚(10t)（α=45°）

序号	地锚埋深 h（m）	受力方向与地面夹角 α（°）	10t，1500×400钢板地锚容许抗拔力（kN）				
			特坚土	坚土	次坚土	普通土	软土
1	1.6	45	73.66	55.13	40.73	29.47	20.68
2	1.8	45	95.24	70.44	51.31	36.49	25.05

[1]《国家电网公司输变电工程典型施工方法》（第一辑）。

[2] DL 5009.2—2013《电力建设安全工作规程　第2部分：电力线路》。

续表

序号	地锚埋深 h（m）	受力方向与地面夹角 α（°）	10t，1500×400 钢板地锚容许抗拔力（kN）				
			特坚土	坚土	次坚土	普通土	软土
3	2.0	45	120.51	88.19	63.43	44.42	29.88
4	2.2	45	149.75	108.57	77.22	53.31	35.20

表 3－7　　20～100kN 级别地锚埋深

地锚长×宽（m×m）	地锚级别（kN）	埋深（m）			
		坚土	次坚土	普通土	软土
1×0.4	20	1	1.1	1.3	1.5
1×0.4	30	1.1	1.3	1.5	1.8
1×0.4	40	1.3	1.5	1.8	2.1
1×0.4	50	1.5	1.7	2	2.3
1.4×0.5	60	1.4	1.6	1.8	2.1
1.4×0.5	70	1.5	1.7	2	2.3
1.4×0.5	80	1.6	1.8	2.1	2.5
1.4×0.5	90	1.7	1.9	2.3	2.7
1.4×0.5	100	1.8	2	2.4	2.8

第三节 特殊安全要求

✦跨越前须与被跨越电力线路运维管理部门进行联系，并办理好相关手续，在开始搭设前书面通知电力相关部门。跨越架的施工与拆除，必须得到被跨越电力线路管理部门现场许可并在其监护下方可进行。搭设电力线路跨越架时，上下传递物件必须用绝缘尼龙绳吊运。搭设完成后要挂“有电危险，禁止攀登”警示牌。跨越场两侧的放线滑车上均应采取接地保护措施及保险措施。在跨越施工前，跨越档内所有接地装置必须安装完毕且与铁塔可靠连接。

✦ 每天施工前，施工队技术人员对感应电通过“钳形漏电电流表”进行监测并做记录：如电流大于 0.5mA 时不得施工，必须查明原因加以解决。工作间断或过夜时，作业段内的全部工作接地线应必须保留。恢复作业前，必须检查接地线是否完整、可靠。施工结束后，现场施工负责人必须对现场进行全面检查，待全部施工人员和所用的工具、材料撤离杆塔后方可命令拆除停电线路上的工作接地线。

✦ 停电跨越架施工，由工作负责人按照关规定办理停电申请、审批等相关手续，并办理线路第一种工作票，工作负责人应在得到全部工作许可人的许可后，方能开始工作。先对被停电线路线路双重编号进行确认，无误后登塔，并进行验电、挂接地等工作，被跨越线路必须两端同时接地，以防感应电电击伤人。拆除封网施工前按上述程序办理停电手续。挂接地线时先挂接地端，后挂被接地端，拆除时相反。塔上操作人要穿绝缘鞋、戴绝缘手套，持绝缘绳、绝缘棒操作。

✦ 跨越不停电输电线路施工，应按 GB 26859 — 2011《电力安全工作规程（电力线路部分）》规定的“电力线路第二种工作票”制度执行。电力线路第二种工作票应由运行单位签发，并按规定履行手续。施工过程中必须设安全监护人，运行单位必须派员进行现场监护。

✦ 不停电搭设跨越架，一般用于 10～35kV 的带电线路，搭设时线路应退出重合闸，并邀请被跨越线路运行部门人员现场监护，且应在良好的天气下进行，应用坚实而干燥的竹或杉木杆搭设，并在远离被跨越线路侧打临时拉线，以控制杆不向带电侧倾倒。搭设电力线路跨越架的架杆应保持干燥，防止感应电压伤人。搭设带电跨越架时，靠近电力线以上部分严禁使用铁丝绑扎。

第四章

跨越电气化铁路安全要求

第一节　一　般　要　求

跨越电气化铁路，应事先与铁路相关部门取得联系，必要时应请其派员监督检查施工。

跨越架与铁路、公路及通信线的最小安全距离应符合表 4－1 的规定❶。

表 4－1　　　　　　跨越架与被跨越物的最小安全距离

跨越物名称 跨越架部位	一般铁路	一般公路	高速公路	通信线
与架面水平距离（m）	至铁路轨道：2.5	至路边：0.6	至路基（防护栏）：2.5	0.6
与封顶杆垂直距离（m）	至轨顶：6.5	至路面：5.5	至路面：8.0	1.0

第二节　跨越架型式选择

跨越铁路应根据铁路轨顶与跨越档导线悬挂点间高差、铁路轨道股数、与架空线的交叉角度及铁路等级等具体编制跨越施工方案。一般可采用以下几种形式：采用毛竹或钢管材质的脚手架式跨越架（如图 4－1 所示）（拉线）金属格构式跨

❶　DL 5009.2—2013《电力建设安全工作规程　第 2 部分：电力线路》。

越架、利用杆塔作支承体跨越等。在北方，跨越电气化铁路一般优先选择杉木跨越架施工；在南方，跨越电气化铁路一般优先选择毛竹跨越架施工。

杉木跨越架（如图 4－2 所示）和毛竹跨越架（如图 4－3 所示），统称为脚手架式跨越架（脚手架式跨越架包括杉木、毛竹和钢管跨越架）。

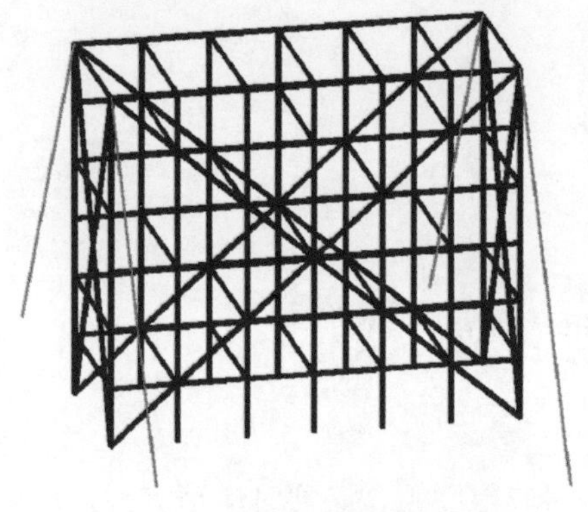

图 4－1　脚手架式跨越架示意

图 4－2　杉木跨越架

图 4－3　毛竹跨越架

一、杉木/毛竹跨越架型式

按照电力施工相关规程的要求，将杉木/毛竹采用铁丝、扎带连接的方式，在被跨物两侧逐步搭设成长宽高满足需要的跨越架架体，设置稳定拉线，再利用跨越架体作为支撑，在被跨物上方进行封网保护，进行放线施工，同时要保证跨越架系统的各部分要保证与被跨越物的安全距离。

二、杉木/毛竹跨越架适用范围

杉木跨越架和毛竹跨越架允许最大跨度分别见表 4－2 和表 4－3，允许最大承载力分别见表 4－4 和表 4－5。

表 4－2　　杉木跨越架允许最大跨度

导线展放方式	导线规格	容许最大跨度（m）											
		2 排				3 排				4 排			
		7m	14m	21m	28m	7m	14m	21m	28m	7m	14m	21m	28m
一牵四	LGJ630/45	40	40	40	110	110	110	160	160	160	40	40	40

表 4－3　　毛竹跨越架允许最大跨度

导线展放方式	导线规格	容许最大跨度（m）											
		2 排				3 排				4 排			
		7m	14m	21m	28m	7m	14m	21m	28m	7m	14m	21m	28m
一牵四	LGJ630/45	30	30	30	30	70	70	70	70	90	90	90	90

表 4－4　　杉木跨越架允许最大承载力

最大承载力（kN）/ 高度（m）/ 跨越架排数	7	14	21
2	3.5	3.5	3
3	9	9	9
4	13	13	13

注　杉木跨越架安全储备系数取 2。

表 4－5　　毛竹跨越架允许最大承载力

最大承载力（kN）/ 高度（m）/ 跨越架排数	7	14	21
2	3	3	3
3	6	6	6
4	8	8	8

注　毛竹跨越架安全储备系数取为 2。

毛竹、木质跨越架受材质限制，单根构件的抗弯和抗压能力较小，搭设较高时整体强度与稳定性差，易受强风影响引起垮塌，在跨越重要输电通道时不得采用。

三、安全要求

（一）一般规定

（1）跨越施工前应编制专项施工作业指导书，施工作业指导书包括线路跨越处各交跨物间的平、断面图，跨越架架体和拉线地锚位置设置分坑图、架体组装图、绝缘网封顶组装图、材料和工器具明细表、人员组织安排、每日施工计划、安全、质量保证措施及应急预案等。跨越施工前由技术负责人向所有参加跨越施工人员，进行技术交底及培训，未经交底及培训人员不得进场作业。

（2）在跨越施工前，所有接地装置必须安装完毕且可靠连接。跨越施工使用的绝缘网绳、设备、器材在使用前必须进行检查。检查时用5000V摇表在电极间距2cm的条件下测试绝缘电阻，要求绝缘电阻不小于700MΩ。绝缘绳、网的外观经检查有严重磨损、断丝、断股、污秽及受潮时也不得使用。

（二）杉木/毛竹跨越架搭设安全要求

（1）木质跨越架所使用的立杆有效部分的小头直径不得小于70mm，60～70mm的可双杆合并或单杆加密使用。横杆有效部分的小头直径不得小于80mm[1]。木质跨越架所使用的杉木杆，发现木质腐朽、损伤严重或弯曲过大等任一情况的不得使用。

（2）毛竹越架的立杆、大横杆、剪刀撑和支杆有效部分的小头直径不得小于75mm，50～75mm的可双杆合并或单杆加密使用。小横杆有效部分的小头直径不得小于50mm[2]。毛竹跨越架所使用的毛竹，如有青嫩、枯黄、麻斑、虫蛀以及其裂纹长度通过一节以上等任一情况的不得使用。

（3）跨越架横杆与立杆成直角搭设。立杆的搭设应符合下列规定：

1）杉木跨越架的立杆、大横杆应错开搭接，搭接长度不得小于1.5m。绑扎时小头应压在大头上，绑扣不得少于3道。立杆、大横杆、小横杆相交时，应先

[1] DL 5009.2—2013《电力建设安全工作规程　第2部分：电力线路》。

[2] DL 5009.2—2013《电力建设安全工作规程　第2部分：电力线路》。

绑2根、再绑第3根，不得一扣绑3根❶。绑扎钢丝的间距应为0.6～0.75m❷。立杆、大横杆及小横杆的间距如图4－4所示。

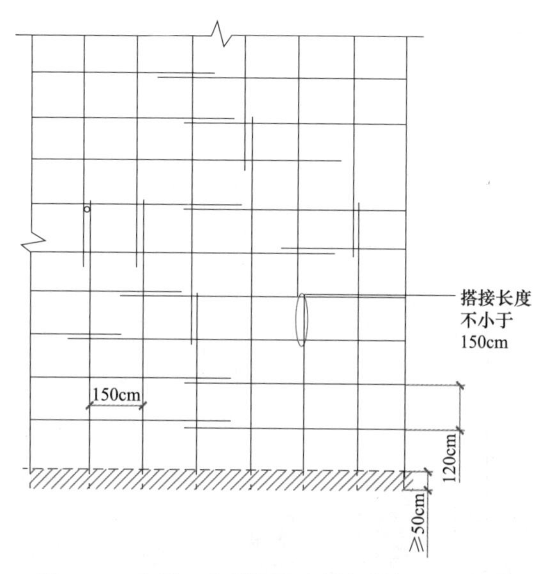

图4－4　立杆、大横杆及小横杆的间距示意图

2）立杆的接长应大头朝下、小头朝上，同一根立杆上的相邻接头，大头应左右错开，并应保持垂直。

3）最顶部的立杆，必须大头朝上，多余部分应往下放，立杆的顶部高度应一致。

4）架体立杆均应垂直埋入坑内，杆坑底部应夯实，埋深不得少于0.5m，且大头朝下，回填土后夯实。遇松土或地面无法挖坑立杆时应绑扫地杆。跨越架的横杆应与立杆成直角搭设❸。

5）当立杆底端无法埋地时，立杆在地表面处必须加设扫地杆。横向扫地杆距地表面应为100mm，其上绑扎纵向扫地杆。立杆与大横杆相交处，应绑十字扣（平插或斜插）。立杆与大横杆各自的接头以及斜撑、剪刀撑、小横杆与其他杆件的交

❶ DL/T 5106—1999《跨越电力线路架线施工规程》。

❷ JGJ 164—2008《建筑施工木脚手架安全技术规范》。

❸ DL/T 5106—1999《跨越电力线路架线施工规程》。

接点应绑顺扣。各绑扎扣在压紧后，应拧紧 1.5～2 圈[1]，绑扎钢丝示意图如图 4－5 所示。

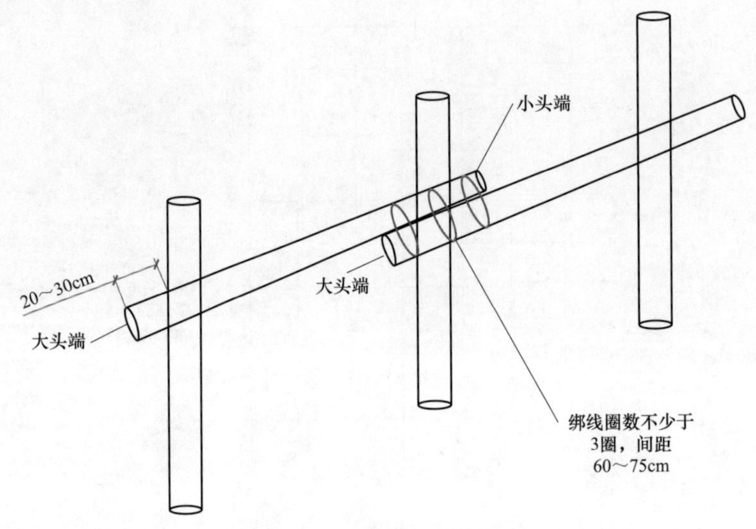

图 4－5　绑扎钢丝示意图

（4）脚手架式跨越架的薄弱点都集中在顶部大横杆处，宜对顶部大横杆做加强处理，并适当减小其摩擦阻力，减小导线下落后滑动时对跨越架的水平作用力。大横杆的搭设应符合下列规定：

1）大横杆应绑在立杆里侧。接头应置于立杆处，并使小头压在大头上，大头伸出立杆的长度应为 0.2～0.3m。

2）同一步架的大横杆大头朝向应一致，上下相邻两步架的大横杆大头朝向应相反，但同一步架的大横杆在架体端部时应朝外。

3）搭接长度不得小于 1.5m，且在搭接范围内绑扎钢丝不应少于三道，其间距应为 0.6～0.75m。

4）同一步架的相邻两排大横杆接头，应错开一跨。

5）跨越架顶部纵向水平杆布置双道。

（5）小横杆的搭设应符合下列规定：跨越架的小横杆立面宜设置剪刀撑，提高整体稳定性，如图 4－6 和图 4－7 所示。

[1] JGJ 164—2008《建筑施工木脚手架安全技术规范》。

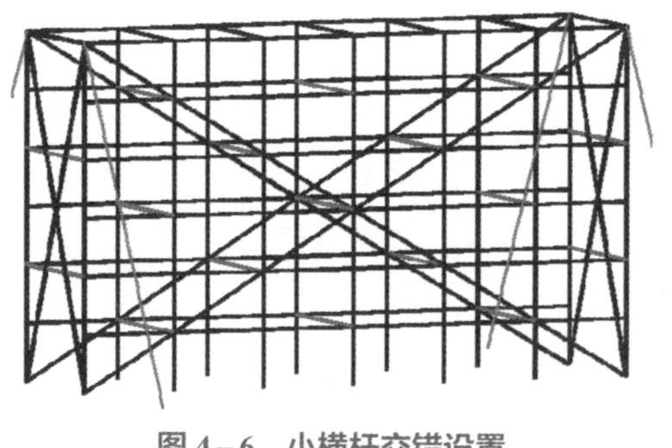

图 4－6　小横杆交错设置

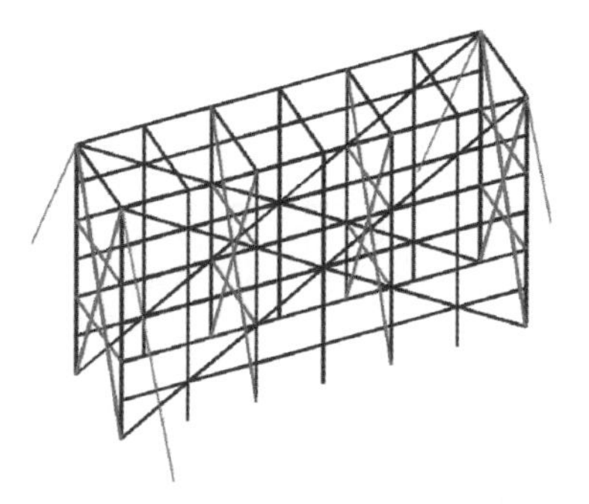

图 4－7　小横杆立面设置剪刀撑

（6）剪刀撑的搭设应符合下列规定：

1）跨越架四周须设置剪刀撑，且剪刀撑均必须从底到顶连续设置。

2）跨越架两端及每隔 6～7 根立杆应设剪刀撑、支杆或拉线，拉线的挂点、支杆或剪刀撑的绑扎点应设在立杆与横杆的交接处，且与地面的夹角不得大于 60°。剪刀撑的斜杆底部应埋入土中深度不得小于 0.3m[1]。

3）剪刀撑的斜杆应至少覆盖 5 根立杆，斜杆与地面倾角应在 45°～60°之间。当架长在 30m 以内时，应在外侧立面整个长度和高度上连续设置多跨剪刀撑，如图 4－8 所示。

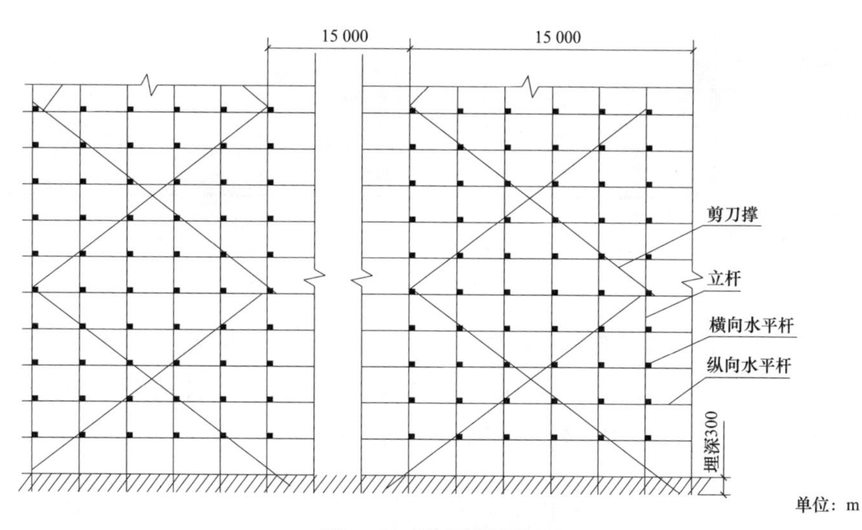

图 4－8　剪刀撑结构图

[1] DL/T 5106—1999《跨越电力线路架线施工规程》。

（7）各种材质跨越架的立杆、大横杆及小横杆的间距不得大于表4－6的规定。

表4－6　立杆、大横杆及小横杆的间距[1]　（m）

跨越架类别	立杆	大横杆	小横杆	
			水平	垂直
钢管	2.0	1.2	4.0	2.4
木	1.5		3.0	2.4
竹	1.5		2.4	2.4

（8）绑扎材料应符合下列规定：

1）杉木跨越架连接用的绑扎材料必须选用8号镀锌钢丝或回火钢丝，且不得有锈蚀斑痕，用过的钢丝严禁重复使用[2]。

2）常用绑扎钢丝抗拉强度设计值应符合表4－7的规定。

3）绑扎材料严禁重复使用，且不得接长使用。

4）在被跨电力线路上方绑扎跨越架时，应用棕绳绑扎。

表4－7　常用绑扎钢丝抗拉强度设计值

材料名称	单根抗拉强度标准值 P_{yk}（N）	单根抗拉强度设计值 P（N）
8号镀锌钢丝	4500	3800
8号回火钢丝	3150	2700

（三）毛竹跨越架搭设其他安全要求

1. 立杆搭设要求

立杆的搭接长度从有效直径起算不得小于1.5m，绑扎不得少于5道，两端绑扎点离杆端不得小于0.1m，中间绑扎点应均匀设置。相邻立杆的搭接接头应上下错开一个步距[3]。立杆和大横杆接头布置如图4－9所示。

[1] DL 5009.2—2013《电力建设安全工作规程　第2部分：电力线路》。

[2] JGJ 164—2008《建筑施工木脚手架安全技术规范》。

[3] JGJ 254—2011《建筑施工竹脚手架安全技术规范》。

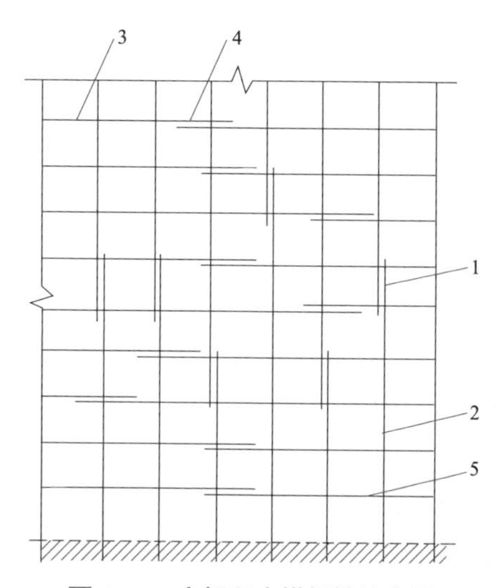

图 4－9　立杆和大横杆接头布置

1—立杆接头；2—立杆；3—大横杆；4—大横杆接头；5—扫地杆

2. 大横杆搭设要求

（1）大横杆应搭设在立杆里侧，主节点处应绑扎在立杆上，非主节点处应绑扎在小横杆上。

（2）大横杆搭接长度从有效直径起算不得小于 1.2m 绑扎不得少于 4 道，两端绑扎点与杆件端部不应小于 0.1m，中间绑扎点应均匀设置。

3. 竹脚手架搭设要求

当竹脚手架搭设高度低于三步时，应设置抛撑。抛撑应采用通长杆件与脚手架可靠连接，与地面的夹角应为 45°～60°，连接点中心至主节点的距离不应大于 300mm[1]。

4. 毛竹跨越架绑扎材料要求

（1）毛竹的绑扎材料应采用合格的竹篾、塑料蔑或镀锌钢丝，不得使用尼龙绳或塑料绳。竹篾、塑料篾的规格应符合表 4－8 的规定。

（2）竹篾应由生长期 3 年以上的毛竹竹黄部分劈剖而成。竹篾使用前应置于清水中浸泡不少于 12h。竹篾应新鲜、韧性强，不得使用发霉、虫蛀、断腰、大节疤等竹篾。

[1] JGJ 254—2011《建筑施工竹脚手架安全技术规范》。

表 4-8　　竹篾、塑料篾的规格[1]

名称	长度（m）	宽度（mm）	厚度（mm）
竹篾	3.5～4.0	20	0.8～1.0
塑料篾	3.5～4.0	10～15	0.8～1.0

（3）单根塑料篾的抗拉能力不得低于 250N。

（4）毛竹跨越架连接钢丝应采用 8 号或 10 号镀锌钢丝，不得有锈蚀或机械损伤。8 号钢丝的抗拉强度不得低于 400N/mm^2，10 号钢丝的抗拉强度不得低于 450N/mm^2。

（5）绑扎材料严禁重复使用，且不得接长使用。

5. 竹/木脚手架绑扎要求

（1）主节点及剪刀撑、斜杆与其他杆件相交的节点应采用对角双斜扣绑扎，其余节点可采用单斜扣绑扎。双斜扣绑扎法如图 4-10 所示。

（2）杆件接长处可采用平扣绑扎法。平扣绑扎法如图 4-11 所示。竹篾绑扎时，每道绑扣应采用双竹篾缠绕 4～6 圈，每缠绕 2 圈应收紧一次，两端头应拧成辫结构掖在杆件相交处的缝隙内，并应拉紧，拉结时应避开篾节。

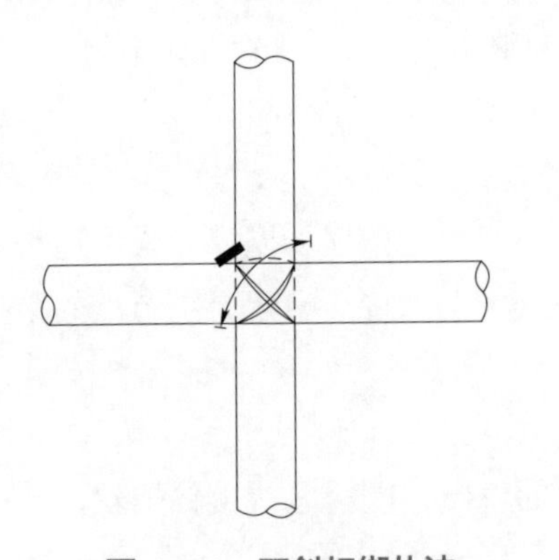

图 4-10　双斜扣绑扎法

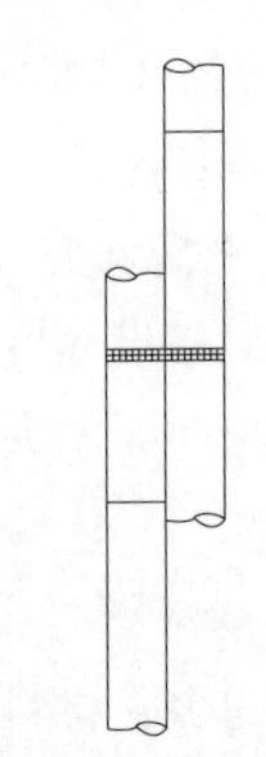

图 4-11　平扣绑扎法

（四）拉线

拉线对于防止跨越架倾倒具有特别重要的意义，特别是有风时，主要用于抵抗侧面荷载，同时拉线打设密度合适时，在一定程度上可以增强跨越架的稳定性，

[1] JGJ 254—2011《建筑施工竹脚手架安全技术规范》。

建议拉线沿跨越架纵向不超过 6m。拉线均固定在前排架顶位置，以及架体后侧和架体两侧设置。拉线的挂点或绑扎点应设在立杆与横杆的交节点处，架子拉线锚桩采用抗拔性较好的锚桩。

拉线从架体端头和末端立柱起每隔两个立柱捆绑一根拉线，拉线对地夹角不大于 60°。不同高度跨越架的拉线间距及跨越架排数不应大于表 4-9 的规定。

表 4-9　跨越架的拉线间距及架体排数

毛竹（木）跨越架高度	纵向拉线间隔	拉线层数	架体排数
$h\leq12$m	12m	1	2
12m$<h\leq$18m	9m	2	3
18m$<h\leq$24m	8m	3	4
24m$<h\leq$30m	7m	4	4

根据相关要求，钢丝绳当作临时拉线使用时安全系数不得小于 3 倍的系数要求，拉线布置如图 4-12 所示。

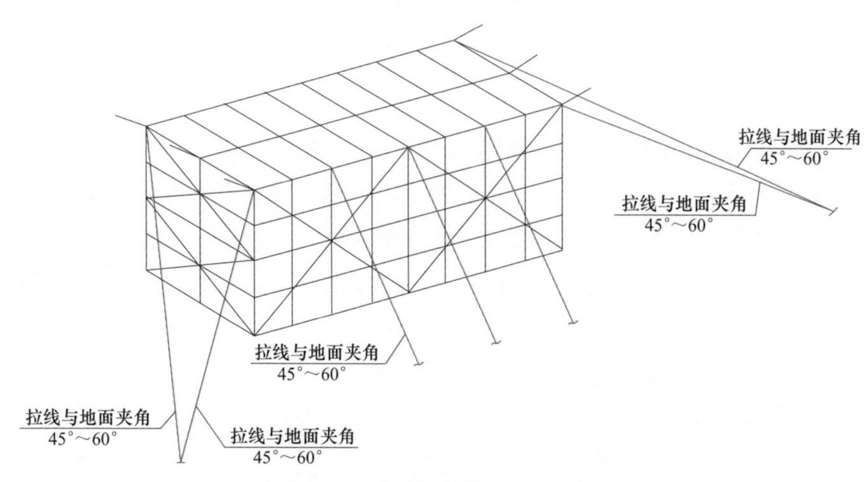

图 4-12　木/竹跨越架拉线示意图

（五）地锚

各拉线地锚埋深必须按“地锚设计分坑图”及架体设计要求进行，并由安全人员监护。

第三节 特殊安全要求

基本规定

✦ 跨越架搭、拆及封网前，应提前与电力部门及铁路设备管理单位联系，积极配合，按铁路设备管理单位人员要求指导地方电力部门作业人员施工。施工前应对施工人员进行铁路安全知识教育。收工前，施工负责人及安全员应巡视工地，现场无任何安全隐患后方可收工。施工现场增设工程联系牌，标明行车组织单位、施工单位、监护单位、设备管理单位、监理单位的联系电话，加强联系沟通。

✦ 施工时，严禁在铁路护栏内堆放工具和材料。封锁点外严禁施工人员擅自进入铁路护栏。更要注意不得将贴现等金属物扔在路轨上，以免造成铁路信号故障，造成运行事故，不带红色安全帽，不使用红旗，防止列车误认信号。

✦ 站在跨越架上，向铁路接触网上方进行抛两根尼龙绳的人员，在抛绳前必须系好安全带。为防止意外事故发生，铁路两侧应个准备剪刀或砍刀一把，在不得已时剪断或砍断绳索。为防止绳索缠在电力线上，现场应准备一根较长（不小于）6.5m 的绝缘杆，绝缘杆头部帮一个弯钩和一把锋利的小刀，测绳铲刀电力线上时，先用绝缘杆上的小刀在靠近电线处将测绳割断，再用绝缘杆上的弯钩将绳结挑开。处理问题时应迅速，以防列车驶来时发生事故。

✦ 封网过程中，张力侧和牵引侧的绳索控制人员，一定要经理集中专心操作，不得使绳索过紧或过松，更不能使绳索失控，接触电气化铁路接触网。封顶绳索通过铁路时，要在铁路跨越点两侧 1000m（按列车 300km/h 考虑，通过 1000m 距离需要 12s）处设专人持报话机进行瞭望，通报列车通过情况，发现列车驶进和通过跨越点时，各种绳索暂时停止牵引，并保持张紧状态，保证对接触网 2m 以上的安全距离。封网承力绳张力要合适，不良天气（如雷雨、大风）等过程中及过后，对封顶网及时进行检查、调整，保证经雨淋后网片对被跨越铁路不小于 2m（或 3m）的安全距离。封顶网安装好后与铁路接触网垂直高度不小于 6m，以保证铁路接触网供电线与跨越网的安全。

✦ 跨越电气化铁路的跨越架上使用绝缘绳、绝缘网封顶时，满足下列规定：

（1）绝缘绳、网与导线、地线的最小垂直距离在事故状态下（跑线、断线），不得小于 2m，在雨季施工时应考虑绝缘网受潮后弛度的增加。

（2）在多雨季节和空气潮湿情况下，应在封网用承力绳与架体横担连接处采取分流调节保护措施。

✦ 放线完毕后应尽快拆除跨越架。拆除时应先上后下逐根拆除，一步一清。拆下的材料应有专人竖向传递，不得向下抛扔，防止材料侵限、损坏铁路设施。拆下来的扎丝严禁抛向铁路，应集中收集，带离现场。

✦ 强风、暴雨、暴雪等气象灾害或地质灾害前后应对跨越设施进行检查，确认合格。若无法满足设计抗风能力，应及时安排拆除或采取加固措施。

特殊情况及处理措施

✦ 电气化区段施工须接触网停电配合施工，因天气等特殊原因临时不能停电配合时，按下列程序办理：

（1）遇天气等特殊原因接触网临时不能配合线路施工停电时，联合填写变更或取消施工申请书。

（2）配合停电工区必须提前与施工主体单位进行联系，在变更或取消施工申请书中填写不能停电的原因，于施工两小时前书面传真到施工主体单位。

✦ 现场人员发现跨越架倒塌，立即在第一时间通知前方车站行车室和相关单位调度，同时铁路监护人员采取积极有效的措施拦停列车，在保证人身安全的前提下，及时清理铁路上障碍物，确保及时恢复铁路运行。如不能及时清理，应及时通知铁路部门采取应急对策。

第五章

跨越高速铁路安全要求

第一节　一　般　要　求

跨越高速铁路，应事先与铁路相关部门取得联系，必要时应请其派员监督检查施工。跨越架与高速铁路的最小安全距离应符合表 5－1 的规定[1]。

表 5－1　　跨越架与高速铁路的最小安全距离

安全距离		高速铁路
水平距离	架面距铁路附加导线	不小于 7m 且位于防护栅栏外
垂直距离	封顶网（杆）距铁路轨顶	不小于 12m
	封顶网（杆）距铁路电杆顶或距导线	不小于 4m

第二节　跨越架型式选择

跨越铁路应根据铁路轨顶与跨越档导线悬挂点间高差、铁路轨道股数、与架空线的交叉角度及铁路等级等具体编制跨越施工方案。一般可采用以下几种形式：采用毛竹或钢管材质的脚手架式跨越架、金属格构式跨越架、利用杆塔作支承体跨越等。目前，跨越高速铁路一般选用金属格构式跨越架。金属格构式跨越架俗

[1] DL 5009.2—2013《电力建设安全工作规程　第 2 部分：电力线路》。

称“龙门架”(如图 5－1 所示)。

图 5－1 金属格构式跨越架

一、金属格构式跨越架型式

在跨越物两侧组立金属格构式跨越架作为支撑。格构式跨越架有 Y 型、Π 型(如图 5－2 所示)、门型和单柱等型式(如图 5－3 所示)。当跨越物靠近档距中间、距离铁塔较远时，推荐搭设本跨越架，有利于减小跨越档距，减小承力索受力，提高跨越架安全系数。

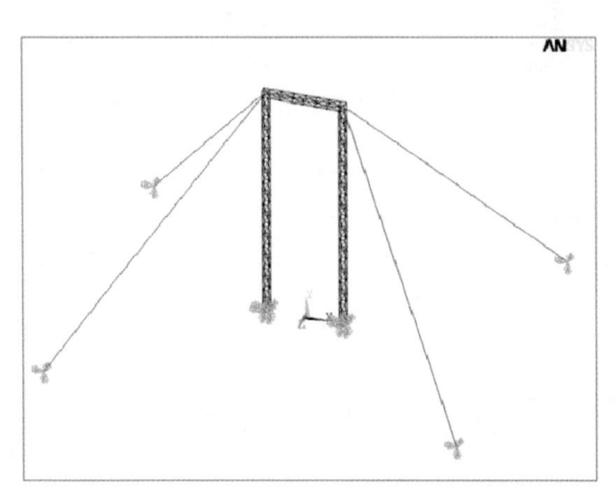

图 5－2 (Π 型)格构式跨越架示意图

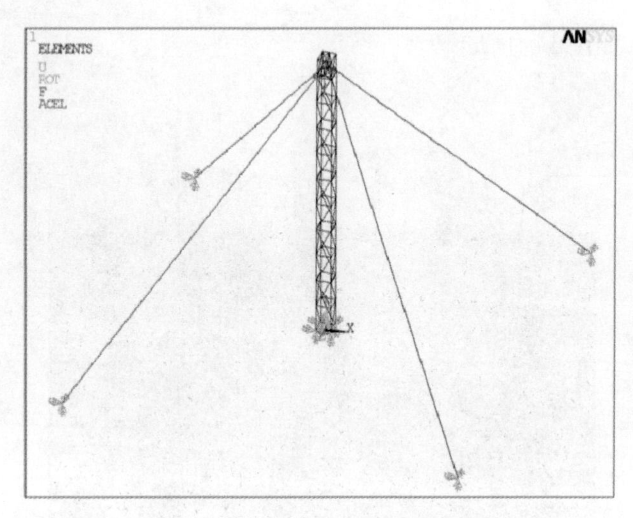

图 5-3　站立式抱杆跨越架示意图

二、金属格构式跨越架适用范围

一般适用于高度不宜超过 30m、跨度不宜超过 100m、交叉跨越角不宜小于 60° 的重要跨越。

金属格构式跨越架最大允许档距和允许最大承载力分别见表 5-2 和表 5-3。

表 5-2　　金属格构式跨越架最大容允许档距

导线展放方式	导线规格	允许最大档距(m)															
		500mm×500mm				600mm×600mm				700mm×700mm				800mm×800mm			
		20m	30m	40m	50m	20m	30m	40m	50m	20m	30m	40m	50m	20m	30m	40m	50m
一牵四	LGJ300/40	270	270	270	—	337	337	337	337	427	427	427	427	472	472	472	472
	LGJ400/35	226	226	226	—	283	283	283	283	359	359	359	359	397	397	397	397
	LGJ500/35	186	186	186	—	233	233	233	233	295	295	295	295	326	326	326	326
	LGJ630/45	148	148	148	—	185	185	185	185	235	235	235	235	260	260	260	260
	LGJ720/50	127	127	127	—	159	159	159	159	201	201	201	201	223	223	223	223
	LGJ800/55	113	113	113	—	142	142	142	142	180	180	180	180	199	199	199	199
一牵六	LGJ400/50	135	135	135	—	168	168	168	168	213	213	213	213	213	213	213	213
	LGJ500/45	120	120	120	—	151	151	151	151	191	191	191	191	211	211	211	211
	LGJ630/45	99	99	99	—	123	123	123	123	156	156	156	156	173	173	173	173

表 5-3　　金属格构式跨越架允许最大承载力

跨越架口径（mm×mm）＼最大承载力（kN）＼高度（m）	20	30	40	50
500×500	12	12	12	—
600×600	15	15	15	15
700×700	19	19	19	19
800×800	21	21	21	21

注　“—”为不推荐使用。

三、技术要求

1. 架体搭设

跨越架组立前应对场地进行平整，对影响组装的凸凹地面应铲平和填平，各拉线锚桩已设置完毕。架体主柱底部，须有防沉措施，严防因自重下沉而倾倒。主柱间高差必须用仪器操平。

格构式跨越架中心线应与遮护宽度 B 的中心线重合。各类型金属跨越架架顶应设置挂胶滚筒或挂胶滚动横梁。格构式跨越架架体宜采用倒装分段组立或吊车整体组立，也可采用其他方法组立。采用整体组立方式时要考虑跨越架的倒杆距离，采用分段组立等其他方法组立时，必须在距被跨越物的安全距离以外。无论采用何种方法组立均必须确保人身、设备安全和被跨越物的运行安全。格构式跨越架设备构件表面应有防腐表层，设备组立后的弯曲度应不大于 $L/1000$（L 为金属格构跨越设备总长度）。跨越架体组立完成后，须立即采取可靠的接地措施。架体的接地线必须用多股软铜线，其截面不得小于 25mm^2，接地棒埋深不得小于 0.6m。接地线与架体、接地棒连接牢固，接地电阻值不得大于 10Ω。金属格构式跨越架连接螺栓在组立完成时必须全部紧固一次，检查扭矩合格后方准进行封网。

2. 拉线

格构式跨越架的拉线位置应根据现场地形情况和架体组立高度确定。跨越架的各个主柱应有独立的拉线系统，立柱的长细比一般不应大于 120[1]。架体搭设过

[1] DL 5009.2—2013《电力建设安全工作规程　第 2 部分：电力线路》。

程中，高度超过 6m 时，必须在靠铁路外侧打好临时拉线，确保架体不得向铁路侧倾倒，同时内侧必须打拉线。每层拉线为 4 根，同时每根拉线应设置相应的调节装置。拉线对地夹角不超过 45°。对于高度在 30m 以下的跨越架可布置 1～2 层拉线。高度在 30～40m 的跨越架布置 2 层拉线。高度在 40～50m 的跨越架布置 3 层拉线。拉线在主柱的挂点处应安装拉线挂板。架体拉线的安全系数不得小于 3.0。

采用提升架提升或拆除架体时，应控制拉线并用经纬仪监测调整垂直度。

第三节 特殊安全要求

一般要求

✦ 跨越前须与被跨越铁路有关部门进行联系，并办理好相关手续，在开始搭设前书面通知铁路相关部门。跨越架的施工与拆除，必须得到铁路管理部门现场许可并在其监护下方可进行。坚持五方（即建设、设计、铁路运行、监理及施工）共同参与并且各负其责的原则。

✦ 跨越架施工人员必须将红色安全帽更换成黄色安全帽，严禁出现红色标志。

✦ 金属格构式跨越架每隔 5～6m 打设一根补强拉线，当高度超过 15m 时，应至少打设 2 层拉线，拉线对地夹角不得大于 60°。

✦ 跨越架封、撤网必须在高铁接触网停电配合下进行。如跨越架架体特别高，搭设上部分时也应申请停电配合。

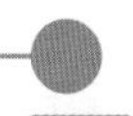

危险点及处理措施

01 地下光缆被破坏

✦ 处理措施：立即通知铁路现场监护人员，通知铁路通信车间寻求处理意见，施工人员全力以赴配合铁路部门抢修。

02 铁轨短路

✦ 处理措施：铁路两条轨道不得被导体连接，否则会导致铁路信号混乱。在施工过程中杜绝将铁丝、钢丝绳头等工具、材料搭放在轨道上，承力杜邦丝不得直接从轨道上牵引，必须通过绝缘绳做引绳带张力从空中展放，拆除时严禁将承力杜邦丝直接松落到轨顶上。

03 跨越架倾倒

✦ 处理措施：现场看护人员如发现跨越架有倾倒迹象后，应立即向两侧来车方向发出拦车截停行动，拦停列车并及时通知项目部和铁路相关部门，请求铁路相关部门帮助拦截两侧来往列车，避免事故扩大，迅速清理倾倒在铁路上的架体材料及其他障碍物，积极配合铁路相关部门进行事故抢修，尽快清理恢复铁路畅通。

第六章

跨越公路安全要求

第一节 一 般 要 求

跨越公路，应事先与公路相关管理部门取得联系，必要时应请其派员监督检查施工。跨越架与铁路、公路及通信线的最小安全距离应符合表 4－1 的规定[1]。

第二节 跨越架型式选择

跨越道路应根据道路宽度、交叉角、与导线悬挂点间高差等选择跨越施工方式，可选方案包括：毛竹或钢管材质的脚手架式跨越架、金属格构式跨越架、利用新建线路铁塔作为跨越支撑体系等。

钢管跨越架是脚手架式跨越架其中一种。本章节以钢管跨越架举例介绍。

一、钢管跨越架型式

钢管跨越架如图 6－1 所示。

[1] DL 5009.2—2013《电力建设安全工作规程　第 2 部分：电力线路》。

图 6-1 钢管跨越架

二、钢管跨越架适用范围

钢管跨越架允许最大跨度和允许最大承载力分别见表 6-1 和表 6-2。

表 6-1 钢管跨越架允许最大跨度

导线展放方式	导线规格	容许最大跨度(m)											
		2 排				3 排				4 排			
		7m	14m	21m	28m	7m	14m	21m	28m	7m	14m	21m	28m
一牵四	LGJ630/45	60	60	60	—	80	80	80	80	120	120	120	110

表 6-2 钢管跨越架允许最大承载力

最大承载力（kN）		高度（m）			
		7	14	21	28
跨越架排数	2	5	5	5	—
	3	7	7	7	6
	4	10	10	10	9

注 —表示不建议使用。钢管架安全储备系数取为 2。

三、安全要求

（一）钢管选择

（1）钢管跨越架宜用外径 48～51mm 的钢管，具体采用表 6-3 规定尺寸。钢管跨越架所使用的钢管，如有弯曲严重、磕瘪变形、表面有严重腐蚀、裂纹或脱焊等任一情况的不得使用。

表 6-3　　跨越架钢管尺寸　　(mm)

截面尺寸		最大长度
外径ϕ（d）	壁厚（t）	
48	3.5	6500
51	3.0	

（2）立杆和大横杆应错开搭接，搭接长度不得小于 0.5m[1]。应等间距设置 2～3 个旋转扣件固定，端部扣件盖板边缘至杆端的距离不应小于 100mm[2]。钢管脚手架开始搭设立杆时，应每隔 6 跨设置一根抛撑。

（3）钢管立杆底部应设置金属底座或垫木，并设置扫地杆。垫木或底座底面标高宜高于自然地坪 50～100mm。纵向扫地杆应采用直角扣件固定在距钢管底端不大于 200mm 处的立杆上。横向扫地杆应采用直角扣件固定在紧靠纵向扫地杆下方的立杆上。垫木应采用长度不少于 2 跨、厚度不小于 50mm、跨度不小于 200mm 的木垫板。

（4）各种材质跨越架的立杆、大横杆及小横杆的间距不得大于表 6-4 的规定。

表 6-4　　立杆、大横杆及小横杆的间距[3]　　(m)

跨越架类别	立杆	大横杆	小横杆	
			水平	垂直
钢管	2.0	1.2	4.0	2.4
木	1.5	1.2	3.0	2.4
竹	1.5		2.4	2.4

（5）每道剪刀撑宽度不应小于 4 跨，且不应小于 6m，斜杆与地面的倾角应在 45°～60°之间。每道剪刀撑跨越立杆的根数应按表 6-5 的规定确定。

[1] DL/T 5106—1999《跨越电力线路架线施工规程》。

[2] JGJ 130—2011《建筑施工扣件式钢管脚手架安全技术规范》。

[3] DL 5009.2—2013《电力建设安全工作规程　第 2 部分：电力线路》。

表 6-5 剪刀撑跨越立杆的最多根数

剪刀撑斜杆与地面的倾角	45°	50°	60°
剪刀撑跨越立杆的最多根数 n（根）	7	6	5

（6）扣件质量应符合 GB 15831—2006《钢管脚手架扣件》的规定。扣件规格应与钢管外径相同。螺栓拧紧扭力矩不应小于 40N·m，且不应大于 65N·m。

（二）立杆的搭设应符合下列规定

（1）严禁将外径不同的钢管混合使用。

（2）相邻立杆的对接扣件不得在同一高度内。

（3）立杆接长除顶层顶步外，其余各层各步必须采用对接扣件连接。

（4）立杆部位的表面松软泥土铲除，保证立杆坐落在实土上，并必须绑扫地杆，避免跨越架发生不均匀沉降。

（三）大横杆的搭设应符合下列规定

（1）大横杆宜设置在立杆内侧，其长度不宜小于 3 跨。

（2）跨越架顶部大横杆布置双道。

（3）大横杆接长宜用对接扣件连接，也可采用搭接。对接、搭接应符合下列规定：

1）大横杆的扣件应交叉布置：两根相邻大横杆的接头不宜设置在同步或同跨内；不同步或不同跨两个相邻接头在水平方向错开的距离不应小于 500mm。各接头中心至最近主节点的距离不宜大于纵距的 1/3。如图 6-2 所示。

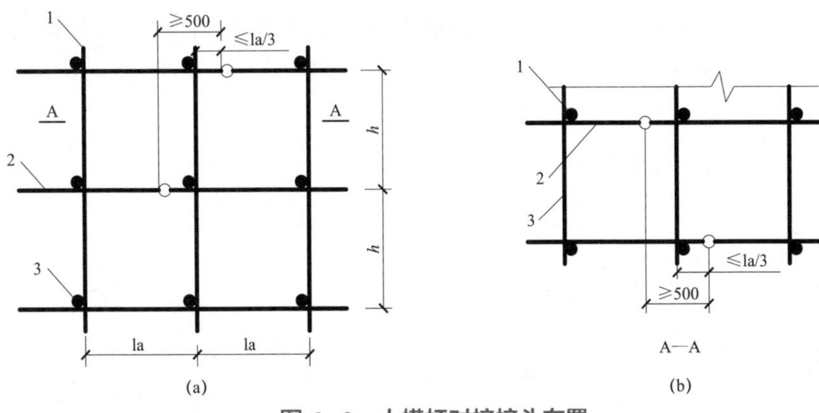

图 6-2 大横杆对接接头布置

（a）接头不在同步内（立央）；（b）接头不在同跨内（平面）

1—立杆；2—大横杆；3—小横杆

2）搭接长度不应小于1m，应等间距设置3个旋转扣件固定。

第三节　特殊安全要求

一、一般要求

施工队伍作业前，其施工安全设置须经高速交警管理部门同意，经路政管理部门批准后方可进入高速公路进行施工作业，施工过程中应按要求严格保护公路路基及保护带等设施完好无损，要服从高速交警及路政执法人员对安全施工的管理，对不服从的单位和个人，路政部门可根据有关规定进行处罚。施工作业现场，必须设一名安全员，负责施工现场的作业人员、机具的安全工作。安全员名单及联系方式报路政管理部门和高速交警管理部门备案。

跨越高速公路系全封闭、全立交，行驶车辆速度快，要求施工人员须具有高度安全意识，各级施工人员应高度重视，慎之又慎，架线施工前应进行详尽的技术和安全交底，使每个岗位的技工和民工都能清楚了解总体施工工艺，明白本岗位的作业内容、工作职责及安全防范措施，杜绝因盲目施工和野蛮施工作业造成的安全隐范。

为保障公路施工人员的人身安全，在高速公路进行施工作业时，必须穿戴统一的安全标志服和安全标志帽。听从高速交警及高速路政指挥，所有得施工人员均应在圈定得安全区域内进行施工作业，高速公路来往车辆多且车速快，施工人员严禁随意出入施工作业区域或穿越高速公路，坚决杜绝人为事故。

公路建筑控制区的范围，从公路用地外缘起向外的距离标准[1]见表6－6。

表6－6　　公路建筑控制区范围明细表

道路种类	高速公路	国道	省道	县道	乡道
距离标准（m）	≥30	≥20	≥15	≥10	≥5

根据表6－7中的标准，属于高速公路的，公路建筑控制区的范围从公路用

[1] 《公路安全保护条例》（第十一条）。

地外缘起向外的距离标准不少于 30m。

跨越高速公路时还应注意：放线区段应尽量缩短，导、地线架通后，优先进行跨越公路两端铁塔的附件安装，以减少跨越架滞留时间。跨越高速公路两端的放线滑车应灵活可靠，悬挂前应对滑车及金具进行外观检查，确保完好无损。在跨越档相邻两侧杆塔上的放线滑车均应采取接地保护措施。在跨越施工前，所有接地装置必须安装完毕且与铁塔可靠连接。

跨越架在搭设及拆除过程，均应在距施工点前后方约 500m 处摆放“电力施工车辆慢行”的警示牌。施工现场必须有技工指导施工，必须有专人监护安全，严禁野蛮施工。在搭设及拆除架体时，要求现场设有专职安全员，并将高速公路的临时停车带临时封闭，同时封闭区应用三角旗等设置必要的标志，所有得施工人员均应在圈定得安全区域内进行施工作业。

要讲求文明施工，施工现场决不允许堆放影响行车安全的施工材料的现象发生。施工现场要保持清洁，施工材料不可随意向高速公路边坡、边沟、通道、桥下丢弃，做到工完场地清，严禁因施工污染路面。禁止在高速公路施工现场大面积堆放影响行车安全的施工材料，违反规定者，按《高速交警管理和路政管理规定》有关条款进行处理。施工结束后，现场作业负责人必须对现场进行全面检查，恢复路基或保护带原貌，待全部作业人员（包括工具、材料）撤离后应通知公路管理单位派人员进行复查，并帮助拆除警示标志。

二、交通安全管理

输电线路跨越高速公路施工，为确保过往行车及施工人员安全，按照相关规定，须在交警及路政部门的统一管理下对施工路段采取交通安全控制：

（1）配合采取施工路段交通安全控制的施工单位必须具有高速公路养护施工资质和相应的高速公路养护施工经验。交通安全控制的施工单位所有施工人员必须身体健康，思维敏捷，能够适应高速公路环境。上路施工时必须穿戴黄色反光标志服，作业时须尽量面朝车辆驶近方向，以便观察车辆。施工人员不得在非控制区内穿行。施工车辆必须性能良好，证照齐全，专人驾驶，车身按规定涂成橘黄色。车辆必须在安全控制区内通行或停放。在施工前，须按要求报跨越路段的交警和路政部门备案审批。人员、车辆须遵守《交通安全法》《公路养护安全作业规程》《高速公路管理条例》及《工程施工安全合同》等相关规定。施工现场安排专职安全员负责现场施工安全，指挥施工车辆通行，及时巡查、恢复标志标牌。

（2）跨越架架体必须设置明显的安全标志，并且加涂反光漆确保夜间安全行车。在作业占用行车道时，在作业区前方1600m处设有“前方施工”警告标志。

（3）在高速公路上进高速公路的临时封闭施工作业时，应当按照交通部有关高速公路作业交通控制的规定，按规定摆放标志牌、锥形交通标和隔离墩等。其中隔离墩须有红白相间反光标记。防撞标志桶内要适当填充，防止倒伏。锥形交通标必须采取内部填充或压砂袋圈等方法防止倒伏，严禁用砖头、石块等有棱角物体压制，以免引发交通事故。警示标志牌除支架底部采用铸铁支座外，可视情况采取压沙袋等方法防止倒伏。施工现场的标志要有专人负责，必要时要采用信号或旗手管制指挥交通，严禁因施工标志摆放不规范而引发交通事故。

第七章

新型跨越架

第一节 吊车代替跨越架

一、跨越架型式

利用吊车悬挂格构式横梁，组成简便“门”形架的架线方法，如图 7-1 所示。

图 7-1 吊车代替跨越架

二、施工特点

施工便捷，响应速度较快，经济性较好。每天展放及紧线完成 1 相，当天施

工结束后横梁等均降至地面，可保证铁路运行期间其上方无任何施工机具。但该跨越方式对实施工效方面要求较高，该方式需 4h 才能满足要求，但目前高铁跨越窗口时间只有 2h，故现状难以满足该跨越方式。另外该跨越方式对场地要求高，要保证吊车能够安全到场，同时无保护网，不适于带电跨越。整个跨越施工期间吊车需停在原位，利用率低、成本较高。一般用在跨越点场地满足吊车出入和布置，跨越物宽度要求不宜超出 20m。目前主要用于电气化铁路、高速铁路等跨越施工。

第二节 "H"型组合式格构跨越架

当跨越档距比较大且被跨物高度比较高时，对于跨越架的稳定性要求比较高，传统的跨越架结构笨重，且发生破坏时容易引起整体反应，发生倾倒等高危状况。为了减轻结构重量增加跨越架体稳定性，从此方面出发设计一种"H"型跨越架，其结构特性保证自身稳定性高，其上部结构在事故状况下破坏时不会对下部结构产生影响，减少了发生次生灾害的危险。同时，此类型跨越架构件小且轻，搭设时操作方便，同时也可减少运输成本，此类跨越架无内侧拉线，其自身稳定性高，对于地形条件适应性也更强，可邻近铁路搭设。如图 7－2 所示。

图 7－2 "H"型组合式格构跨越架

第三节　“Y”型跨越架

传统跨越方式普遍存在着施工工作量大、周期长、费用高、安全隐患大等问题。为进一步提高特高压交流工程跨越高铁、电力线路等重要设施的安全可靠性，最大限度减少对被跨设施的影响和提高跨越施工效率，结合以往特高压线路跨越高速铁路情况，设计一种“Y”型结构跨越封网型式跨越。“Y”型跨越封网采用“单立柱+双桁架臂+封网”的基本结构，其技术原理是通过在被跨物两侧面对面分别组立一根“Y”型结构单立柱作为临时架体，并在两架体中间敷设封顶网，此时便型成“V”型安全遮护通道。当导线脱落时，使导线能够沿桁架臂向中心立柱滑移，一方面能够延缓导线冲击时间，另一方面受力主体为中心立柱，使跨越架整体抗冲击能力提高，进而提高跨越施工安全系数及架体稳定性。该跨越方案有安全可靠性高、适用范围广、施工效率高、植被破坏小、受跨越交叉角影响小以及跨越宽度可调等优点。

第四节　旋转臂跨越架

当前，特高压线路的快速建设过程中，需要跨过越来越多的高速铁路，根据铁路部门的相关要求，在线路运行期间，不允许任何物体越过高速铁路，施工只能利用夜晚铁路停运检修的窗口期，除去接触网停电等前期准备时间，可用的有效施工时间不足 3h（部分运行动卧的高铁线路有效施工时间只有约 40min），这就要求跨越架能够实现快速封网，而旋转臂跨越架能够很好地解决跨越封网耗时多的问题，大大缩短封网时间，提高施工效率，如图 7–3 所示。

为实现更安全、更方便跨越电力线路，下一步研究方向是进一步改进现有旋转臂等跨越封网装置，实现上部结构以绝缘材料为主，如图 7–4 所示。

图 7-3　旋转臂跨越施工技术

图 7-4　新型绝缘跨越装备概念图

第五节　新型封网技术

U 型封网技术，在原封网系统基础上加装侧面封网系统，形成“U”型半封闭封网系统，可提高安全可靠性。

2016 年 1 月，在锡盟—山东工程带电跨越 500kV 吴霸线中成功应用了 U 型封网技术，如图 7 – 5 所示，施工安全性得到改善。

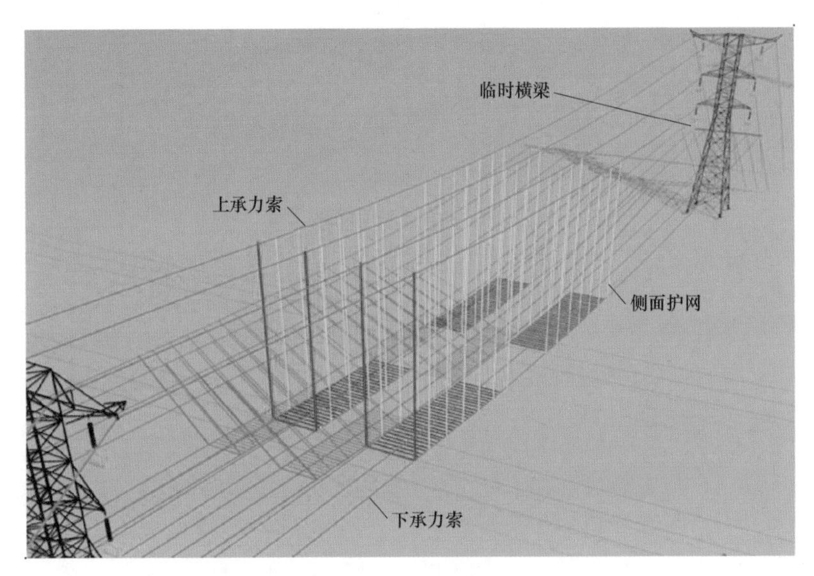

图 7–5　U 型封网技术

研发“人”字型新型跨越封网装置，该装置更可靠、操作更方便。其原理示意如图 7 – 6 所示。

图 7–6　“人”字型封网技术

顶伸式跨越封网技术，该装置可靠、操作更方便。其原理示意见图 7 – 7 所示。

图 7-7　顶伸式跨越封网技术

第八章

跨越施工验收

第一节 跨越架搭设验收

（一）验收单位

被跨越相关管理部门（铁路工务段、维管段等）、业主项目部、监理项目部、施工项目部等。

（二）验收内容及标准

跨越架必须经检查单位检查验收合格后方可使用。检查验收的标准应从其位置、结构、强度、安全距离等方面进行，见表 8－1。

表 8－1 跨越架检查验收表

检查地点		
完成时间		
检查时间		
序号	检 查 内 容	检查结果
1	编制跨越架搭设方案，经批准后实施	
2	跨越架搭设施工前进行专项安全技术交底	
3	现场机具符合安全规定	
4	跨越架牢固可靠	
5	跨越架的中心线应在线路中心线上	
6	宽度应超出新建线路两边各 2m 以上	

续表

序号	检 查 内 容	检查结果
7	架顶两侧应装设外伸羊角，按水平面夹角为45°～60°绑扎斜向朝外伸出悬臂的竹杆	
8	跨越架与被跨越物的距离不小于最小安全距离规定	
9	架体的拉线、承力索落地拉线的尾绳均必须用马鞍螺丝封固	
10	跨越架封顶绝缘绳（网）与电力线、公路、铁路等垂直距离符合安全要求，在多雨季节和空气潮湿情况下，应在封网承力绳与架体横担连接处采取分流调节保护措施	
11	搭设好的跨越架上悬挂醒目的警告（警示）标志牌	
验收结论		
施工负责人		
检查人		

具体验收内容：

（1）跨越架的中心应在线路中心线上，宽度应考虑施工期间牵引绳或导地线风偏后超出新建线路两边线各 2.0m，且脚手架式跨越架架顶两侧应设外伸羊角[1]，即在竹、木跨越架顶部按水平面夹角为 45°～60°绑扎斜向朝外伸出悬臂的竹杆。

（2）临时横梁断面尺寸不应小于 500mm×500mm[2]。对于边相导线，临时横梁长度应满足封网宽度需要。临时通长横梁应悬吊于跨越档内侧。临时横梁的顺线路方向宜布置前后侧拉线。如果距被跨电力线路较近时跨越挡内侧的拉线宜采用绝缘高强度纤维绳。拉线长度因受地形限制不尽相同，根据实际情况自行调试确定长度，拉线对地夹角不得大于 45°。悬索跨越架在边相承托绳上应搭设拉线。

（3）绝缘网宽度应满足导线风偏后的保护范围。绝缘网长度宜伸出被保护的电力线外不得小于 10m[3]。

（4）跨越架与铁路、公路及通信线的最小安全距离应符合表 4－1 的规定。跨越架与高速铁路的最小安全距离应符合表 5－1 的规定。

（5）跨越架架面（含拉线）在被跨越线路导线发生风偏后仍应与其保持最小

---

[1] DL 5009.2—2013《电力建设安全工作规程　第 2 部分：电力线路》。

[2] DL/T 5301—2013《架空输电线路无跨越架不停电跨越架线施工工艺导则》。

[3] DL 5009.2—2013《电力建设安全工作规程　第 2 部分：电力线路》。

安全距离（D_{min}），符合表 3－1 的规定。

（6）木质跨越架所使用的立杆有效部分的小头直径不得小于 70mm，60～70mm 的可双杆合并或单杆加密使用。横杆有效部分的小头直径不得小于 80mm[1]。毛竹跨越架的立杆、大横杆、剪刀撑和支杆有效部分的小头直径不得小于 75mm，50～75mm 的可双杆合并或单杆加密使用。小横杆有效部分的小头直径不得小于 50mm[2]。木、竹跨越架的立杆、大横杆应错开搭接，搭接长度不得小于 1.5m。绑扎时小头应压在大头上，绑扣不得少于 3 道。立杆、大横杆、小横杆相交时，应先绑 2 根、再绑第 3 根，不得一扣绑 3 根[3]。钢管跨越架宜用外径 48～51mm 的钢管，立杆和大横杆应错开搭接，搭接长度不得小于 0.5m[4]。钢管立杆底部应设置金属底座或垫木，并设置扫地杆。垫木厚度不小于 50mm、宽度不小于 200mm，且长度不少于 2 跨。

（7）各种材质跨越架的立杆、大横杆及小横杆的间距符合表 8－2 规定。

表 8－2　　立杆、大横杆及小横杆的间距[5]　　（m）

跨越架类别	立杆	大横杆	小横杆	
			水平	垂直
钢管	2.0	1.2	4.0	2.4
木	1.5		3.0	2.4
竹	1.5		2.4	2.4

（8）跨越架两端及每隔 6～7 根立杆应设剪刀撑、支杆或拉线，拉线的挂点、支杆或剪刀撑的绑扎点应设在立杆与横杆的交接处，且与地面的夹角不得大于 60°。支杆埋入地下的深度不得小于 0.3m[6]。不同高度跨越架的拉线间距及跨越架排数符合表 8－3 的规定。格构式跨越架每层拉线为 4 根，同时每根拉线应设置相应的调节装置，拉线对地夹角不超过 45°。对于高度在 30m 以下的跨越架可

---

[1] DL 5009.2—2013《电力建设安全工作规程　第 2 部分：电力线路》。

[2] DL 5009.2—2013《电力建设安全工作规程　第 2 部分：电力线路》。

[3] DL 5106—1999《跨越电力线路架线施工规程》。

[4] DL/T 5106—1999《跨越电力线路架线施工规程》。

[5] DL 5009.2—2013《电力建设安全工作规程　第 2 部分：电力线路》。

[6] DL/T 5106—1999《跨越电力线路架线施工规程》。

布置 1 层拉线。高度在 30～40m 的跨越架布置 2 层拉线。高度在 40～50m 的跨越架布置 3 层拉线。

表 8-3　　跨越架的拉线间距及架体排数

毛竹（木）跨越架高度	纵向拉线间隔	拉线层数	架体排数
h≤12m	12m	1	2
12m＜h≤18m	9m	2	3
18m＜h≤24m	8m	3	4
24m＜h≤30m	7m	4	4

（9）带电跨越架必须在两头各挂一块“有电危险，严禁攀登”的警示牌。跨越架验收合格后，应按有关规定悬挂醒目标志。

第二节　跨越架拆除验收

（一）验收单位

被跨越物相关管理部门（工务段、高铁维管段等）、业主项目部、监理项目部、施工项目部。

（二）验收内容及标准

附件安装完毕后，方可拆除跨越架，达到“工完料净场地清”。跨越架拆除检查内容及标准检查依据见表 8-4。

表 8-4　　跨越架拆除检查验收

序号	检查内容及标准	检查依据
1	架体在拆除过程中，须做好架体防倾覆措施	DL 5009.2—2013《电力建设安全工作规程　第 2 部分：电力线路》
2	钢管、木质、毛竹跨越架应自上而下逐根进行并应有人传递，不得抛扔。一般是先拆小横杆，再拆大横杆及剪刀撑，最后拆斜撑和立杆。不得上下同时拆架或将跨越架整体推倒	DL 5009.2—2013《电力建设安全工作规程　第 2 部分：电力线路》
3	拆除跨越架必须统一指挥，上下呼应，动作协调	DL 5009.2—2013《电力建设安全工作规程　第 2 部分：电力线路》

续表

序号	检查内容及标准	检查依据
4	拆除与相邻人员有关联时，应告知对方，再行拆除，防止杆件坠落或碰撞相邻部位的施工人员	DL 5009.2—2013《电力建设安全工作规程 第2部分：电力线路》
5	跨越架拆除施工完毕，应对现场清理，确保现场无工器具等落下	DL 5009.2—2013《电力建设安全工作规程 第2部分：电力线路》

第三节 跨越施工现场检查

跨越施工现场检查内容及检查结果见表8－5。

表8－5 跨越施工现场检查内容及检查结果

安全要求	类别	检查内容	检查结果
通用安全要求	人员	作业开始前，项目总工对作业人员进行全员安全风险交底，并有全员签字	
		施工现场人员正确佩戴安全帽，穿工作鞋和工作服	
		高处作业人员采取防坠措施，在杆塔上高处作业施工人员佩戴全方位防冲击安全带	
		焊接、气割作业人员配备阻燃防护服、绝缘鞋、绝缘手套、防护面罩、防护眼镜	
		霜冻、雨雪后进行高处作业人员，采取防冻和防滑措施	
		特种作业人员、机械设备操作人员持证上岗	
		三级及以上施工安全风险管理人员到岗到位	
	机具	现场的机械设备完好、整洁，安全操作规程齐全	
		牵张设备、机动绞磨等采取接地保护措施，跨越施工前，接地装置安装完毕	
		电焊机接地线的接地电阻小于4MΩ，接地线未接在管道、机械设备和建筑物金属物体上	
		跨越施工使用的绝缘网绳、设备、器材在使用前已进行检查。检查时用5000V绝缘电阻表在电极间距2cm的条件下测试绝缘电阻，绝缘电阻不小于700MΩ	
		绞磨卷筒与牵引绳最近的转向滑车保持5m以上的距离	
		拉磨尾绳不少于2人，且位于锚桩后面、绳圈外侧	
		被吊物件或吊笼下面无人员停留或通过	

续表

安全要求	类别		检查内容	检查结果
通用安全要求	机具		施工机具设备有运维记录且填写规范	
			绝缘绳、网的外观无严重磨损、断丝、断股、污秽及受潮，否则不得使用	
			绝缘绳、网在现场按规格、类别及用途整齐摆放，并采取有效的防水措施	
			迪尼玛绳有检验合格标识，且搁置地面时，用帆布或编织袋衬垫	
	作业票		二级及以下风险的施工作业，已办理输变电工程安全施工作业票 A 并进行交底。或三级及以上风险的施工作业，已办理输变电工程安全施工作业票 B 并进行交底	
			作业票 A 由施工队长签发/作业票 B 由施工项目经理签发	
			作业负责人、签发人不为同一人	
	应急处置		施工现场已编制现场应急处置方案（包括但不限于：人身事件现场应急处置、触电事故现场应急处置、食物中毒事件现场应急处置等）	
			现场配备应急医疗用品和器材等，施工车辆配备医药箱	
			施工现场挂设主要负责人的应急联络方式、应急救援路线等标牌	
	杉木/钢管跨越架		搭设好的跨越架上悬挂醒目的警告（警示）标志牌	
			架顶两侧装设外伸羊角，不小于 1.5m，与水平面夹角为 45°～60°	
		立杆	搭接长度不小于 1.5m，绑扎时小头压在大头上，绑扣不少于 3 道（钢管搭接不小于 1m，且立杆底部设置金属底座或垫木）	
			立杆、大横杆、小横杆相交时，先绑 2 根，再绑第 3 根，禁止一扣绑 3 根	
			立杆间距不大于 1.5m（钢管不大于 2m），且立杆顶部高度保持一致	
			立杆埋深不少于 0.5m，大头朝下，回填土夯实	
		大横杆	大横杆与立杆成直角搭设，且绑扎在立杆里侧，大头伸出立杆 0.2～0.3m。 大横杆间距不大于 1.2m	
			大横杆与立杆相交处，绑扎十字口。绑扎扣压紧后，拧紧 1.5～2 圈	
			大横杆与立杆错开搭接，搭接长度不小于 1.5m，绑扣不少于 3 道	
		小横杆	小横杆交错设置。小横杆立面设置剪刀撑	
		剪刀撑	跨越架两端及每隔 6～7 根立杆设置剪刀撑，且从底到顶连续设置	

续表

<table>
<tr><th>安全要求</th><th>类别</th><th colspan="2">检查内容</th><th>检查结果</th></tr>
<tr><td rowspan="14">通用安全要求</td><td rowspan="6">杉木/钢管跨越架</td><td rowspan="2">剪刀撑</td><td>剪刀撑的绑扎点设在立杆与横杆的交接处</td><td></td></tr>
<tr><td>剪刀撑的斜杆底部埋深不小于 0.3m，斜杆与地面倾角在45°～60°</td><td></td></tr>
<tr><td>扫地杆</td><td>遇松土或地面无法挖坑立杆时应绑扫地杆。横向扫地杆距地表面 100mm，其上绑扎纵向扫地杆</td><td></td></tr>
<tr><td rowspan="3">拉线</td><td>杉木跨越架高度 $h \leq 12$m，纵向拉线 1 层。$12\text{m} < h \leq 18$m，纵向拉线 2 层。$18\text{m} < h \leq 24$m，纵向拉线 3 层。$24\text{m} < h \leq 30$m，纵向拉线 4 层</td><td></td></tr>
<tr><td>拉线固定在前排架顶位置，以及架体后侧和架体两侧设置</td><td></td></tr>
<tr><td>拉线从架体端头和末端立柱起每隔两个立柱捆绑一根拉线，拉线对地夹角 30°～60°</td><td></td></tr>
<tr><td rowspan="6">杉木/钢管跨越架</td><td>拉线</td><td>拉线的尾绳用绳卡固定连接，绳卡压板在钢丝绳主要受力的一面，严禁正反交叉设置。绳卡间距不小于钢丝绳直径的 6 倍（绳卡一般不少于 3 个）</td><td></td></tr>
<tr><td>地锚</td><td>各种锚桩的安全系数均不小于 2，立锚桩有防止上拔的措施</td><td></td></tr>
<tr><td colspan="2">强风、暴雨、暴雪等气象灾害或地质灾害前后对跨越设施进行检查，确认合格</td><td></td></tr>
<tr><td colspan="2">跨越架拆除时，自上而下逐根传递，无抛扔</td><td></td></tr>
<tr><td colspan="2">跨越架拆除时，先拆小横杆，再拆大横杆及剪刀撑，最后拆斜撑和立杆</td><td></td></tr>
<tr><td colspan="2">跨越架拆除时，严禁上下同时拆架或将跨越架整体推倒</td><td></td></tr>
<tr><td rowspan="2">悬索跨越架</td><td colspan="2">临时横梁悬吊于跨越档内侧</td><td></td></tr>
<tr><td colspan="2">顺线路方向布置前后侧拉线，且距被跨电力线路较近时跨越档内侧拉线采用绝缘高强度纤维绳</td><td></td></tr>
<tr><td rowspan="7">特殊安全要求</td><td rowspan="7">跨越电力线路</td><td colspan="2">邻近带电体作业时，上下传递物件用绝缘尼龙吊运，作业全过程有专人监护</td><td></td></tr>
<tr><td colspan="2">跨越不停电电力线路时，应用绝缘绳作引绳</td><td></td></tr>
<tr><td colspan="2">带电跨越架搭设完成后，两头各挂一块“有点危险，严禁攀登”的警示牌</td><td></td></tr>
<tr><td colspan="2">跨越场两侧放线滑车上有接地保护措施及保险措施</td><td></td></tr>
<tr><td colspan="2">塔上操作人要穿绝缘鞋、戴绝缘手套，持绝缘绳、绝缘棒操作</td><td></td></tr>
<tr><td colspan="2">在被跨电力线路上方绑扎跨越架时，应用棕绳绑扎</td><td></td></tr>
<tr><td colspan="2">跨越不停电输电线路施工，应执行“电力线路第二种作业票”，且由运行单位签发</td><td></td></tr>
</table>

续表

安全要求	类别	检 查 内 容	检查结果
特殊安全要求	跨越铁路	所有施工材料及工器具堆放在铁路防护栅栏外，且与防护栅栏距离大于 5m	
		施工现场不带红色安全帽，不使用红旗	
		格构式跨越架主柱底端设置对应配座。每层拉线为 4 根，拉线对地夹角 30°～60°	
		金属格构式跨越架体组立完成后，及时采取可靠的接地措施。接地线用多股软铜线，截面不小于 $25mm^2$，接地棒埋深不小于 0.6m。接地线与架体、接地棒连接牢固，接地电阻值不大于 10Ω	
特殊安全要求	跨越公路	在高速公路进行施工作业时，施工人员穿戴统一的安全标志服和安全标志帽	
		不在高速公路施工现场大面积堆放影响行车安全的施工材料	
		跨越架搭设及拆除过程中，在距施工点前后方约 500m 处摆放“电力施工 车辆慢行”的警示牌	
		作业占用行车道时，在作业前方 1600m 处设“前方施工”警告标志	
		跨越架搭设及拆除过程中，将高速公路临时停车带临时封闭，同时封闭区设置三角旗等必要标志，所有施工人员在安全区内作业	
		跨越架架体设置明显的安全标志，并加涂反光漆确保夜间安全行车	

附录1

跨越京沪高铁施工案例

一、编制说明

（一）编制目的

为1000kV特高压交流输变电工程线路工程（18标）架线施工过程中跨越高铁提供方法和措施，最大限度减少架线施工对高铁运输的影响，特编制本次跨越高铁施工方案。

（二）编写依据

- 《电力安全事故应急处置和调查处理条例》（中华人民共和国国务院令第599号）
- DL 5009.2—2016《电力建设安全工作规程　第2部分：电力线路》
- DL/T 5301—2013《架空输电线路无跨越架不停电跨越架线施工工艺导则》
- DLT 5106—1999《跨越电力线路架线施工规程》
- 《国家电网公司基建安全管理规定》[国网（基建/2）173—2015]
- 《国家电网公司输变电工程施工安全风险识别评估及预控措施管理办法》[国网（基建/3）176—2015]
- 《国家电网公司输变电工程标准工艺管理办法》[国网（基建/3）186—2015]
- 《国家电网公司输变电工程安全文明施工标准化管理办法》[国网（基建/3）187—2015]
- 《国家电网公司输变电工程质量通病防治工作要求及技术措施》[基建质量〔2010〕19号]

（三）适用范围

本施工方案适用于蒙西—天津南1000kV特高压交流输变电工程线路工程（18标）架线施工过程中7S169～7S170档跨越京沪高铁175km+186m处跨越架的搭设、检查、维护和拆除。

二、工程概况

（一）工程概述

本标18标共计31.2km，其中河北省廊坊市大城县1.2km、天津市静海县9.7km、河北省沧州市青县20.3km。全线双回路架设，起止杆号7S115～7S172。分界点7S115（含导地线挂线分界点）铁塔的基础施工、铁塔组立（含接地）、跳线安装等归属本标18标。7S172归属于19标。

导线型号：8×JL/LHA1-465/210铝合金芯铝绞线，安全系数为2.5。

地线型号：本工程全线架设双地线，一侧为光纤复合架空地线，另一侧为JLB20A-185铝包钢绞线。地线安全系数3.8。

（二）跨越京沪高铁设计方案

（1）本工程采用四基铁塔通过“耐—直—直—耐”方式构成独立耐张段跨越京沪高铁。

（2）跨越情况统计见附表1-1。

附表1-1　　跨越情况统计表

跨越铁路	跨越里程	跨越档塔号	跨越方式	交叉角度	下导线至轨顶垂直距离（70℃）	杆塔外缘至轨道中心水平距离（m）	塔全高（m）	跨越档距（m）
京沪高铁	175km+186m	7S169-7S170	耐—直—直—耐	83°	35.1m	小号：303.6 大号：138	小号：92 大号：133.5	495

（三）跨越京沪高铁设计参数说明

本工程跨越京沪高铁段技术方案符合上述设计原则。设计方案具体参数说明如下：

1. 跨越架封网宽度、高度的计算

（1）风偏为5m。

（2）封网宽度。7S169地线间距为34.5m，上相导地线间距为11.2m、6.5m，7S170地线间距为39.3m，新建线路与高铁夹角83°，在张力放线时，地线挂点挂车向内侧偏移后，导地线挂点最大距离为2m，每侧横担选用的封顶网宽度为16m，使用4根承力索，每相邻两根承力索间水平间距8m。

（3）按照《安规》、高铁部门要求，高铁导线距离封网的安全距离大于7m。承力迪尼玛绳索紧固后弧垂不大于2m。大小号侧地面至铁轨接触网顶部垂直距离为18m，故大小号侧的架体高度为27m，故采用800mm^2×30m高的钢质抱杆组立。

2. 跨越架受力

（1）跨越架垂直压力。集中作用在架顶，作用点可沿架全宽移动（活荷载）。压力值为14.912kN。

跨越架钢柱采用800×30m钢抱杆允许中心压力大于60kN，能够满足跨越架受力要求。

（2）顺施工线路方向水平力。作用在垂直压力的作用点，水平力值13.42kN。

（3）跨越架拉线受力及选择。当垂直跨越架架面布置4根拉线，拉线对地夹角为45°时，根据跨越架架面风压，计算拉线受力为26.6kN。

根据计算，跨越架主拉线选用ϕ15.5钢丝绳，破断力为120.1kN，大于26.6kN，满足受力要求。

3. 绝缘子和金具的安全系数

绝缘子和金具的安全系数见附表1－2。

附表1－2　　绝缘子和金具安全系数

类　型	最大使用荷载	断　线	断　联	常年荷载
盘型绝缘子	2.7	1.8	1.5	4.0
复合绝缘子	3.0	1.8	1.5	4.5
金具	2.5	1.5	1.5	—

4. 跨越京沪高铁技术数据

跨越京沪高铁技术数据一览表见附表 1－3。

附表 1－3　　跨越京沪高铁技术数据一览表

<table>
<tr><td colspan="2">电压等级</td><td colspan="2">1000kV</td></tr>
<tr><td colspan="2">线路名称</td><td colspan="2">蒙西—天津南 1000kV 特高压交流输变电工程线路工程</td></tr>
<tr><td colspan="2">跨越高铁里程</td><td colspan="2">京沪高铁 175km＋186m</td></tr>
<tr><td rowspan="6">跨越塔</td><td>塔号</td><td>7S169</td><td>7S170</td></tr>
<tr><td>呼称高（m）</td><td>36</td><td>90</td></tr>
<tr><td>全高（m）</td><td>92</td><td>133.5</td></tr>
<tr><td>杆塔型式</td><td>SJ29105</td><td>SK29101</td></tr>
<tr><td>跨越塔最近塔腿距离轨道边距离（m）</td><td>303</td><td>138</td></tr>
<tr><td>档距（m）</td><td colspan="2">495</td></tr>
<tr><td colspan="2">70℃时下导线对轨顶垂直距离（m）</td><td colspan="2">35.1</td></tr>
<tr><td colspan="2">线路与高铁交叉角（°）</td><td colspan="2">83</td></tr>
<tr><td colspan="2">导地线边线距离（m）</td><td colspan="2">地线间距：39.3
导线间距：37.8</td></tr>
<tr><td colspan="2">导、地线型号</td><td colspan="2">导线 8×JL/LHA1－465/210 铝合金芯铝绞线。
数量：双回八分裂共 48 根。
地线：JLB20A－185 铝包钢绞线。
光缆：OPGW－185 复合地线</td></tr>
<tr><td colspan="2">导、地线接头情况</td><td colspan="2">跨越档内导、地线不允许接头</td></tr>
<tr><td colspan="2">是否按独立耐张段设计</td><td colspan="2">是</td></tr>
<tr><td colspan="2">放线区段/区段长度</td><td colspan="2">7S169－7S172/1.332km</td></tr>
<tr><td colspan="2">放线施工需要时间</td><td colspan="2">20 天</td></tr>
<tr><td colspan="2">作业方式</td><td colspan="2">搭设门型跨越架，具体施工内容、安全保障见跨越措施</td></tr>
</table>

5. 放线区段

（1）7S169～7S172 放线区段长 1.332km，共 4 基铁塔，其中耐张塔 2 基（7S169、7S172），直线塔 2 基（7S170、6S171）。导线采用 8×JL/LHA1－465/210 钢芯铝绞线，地线一根 JLB20A－185 铝包钢绞线，一根 OPGW－185 复合地线，OPGW 光缆架设在线路前进方向的左侧。

（2）本放线区段根据现场观测，项目部确定7S169小号侧300m为张力场，7S172大号侧200m为牵引场。

（3）放线区段数据参数明细见附表1－4。

附表1－4　　　　放线区段数据参数

杆塔号	杆塔形式	呼高	档距（m）	耐张段长/代表档距	转角	绝缘子串及金具组装		地线防振锤（个/线）	导地线是否允许接头
						导线（一套/每相）	地线（一套/每相）		
7S169	SJ29105	36			左49°15′	10N32－4060－42P	BN2SBG－45－2112P	2	
							BN1BG－21－01	1	不允许
			495						
7S170	SK29101	90				10XC2L－4060－42H	BXC2S－45－2110P	1	
								1	
			417	1332/449 $K=0.3158$					
7S171	SK29101	90				10XC2L－4060－42H	BXC2S－45－2110P	1	
								1	
			420						不允许
7S172	SJ29102	36			左18°56′	10N32－4060－42P	BN2SBG－45－2112P	1	
							BN1BG－21－01	1	

跨越京沪高铁跨越架搭设完成后相关示意图如附图1－1～附图1－4所示。

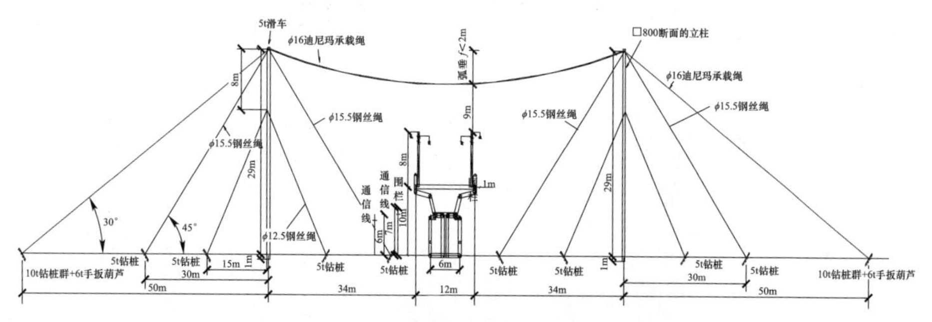

附图1－1　跨越京沪高铁跨越架示意图

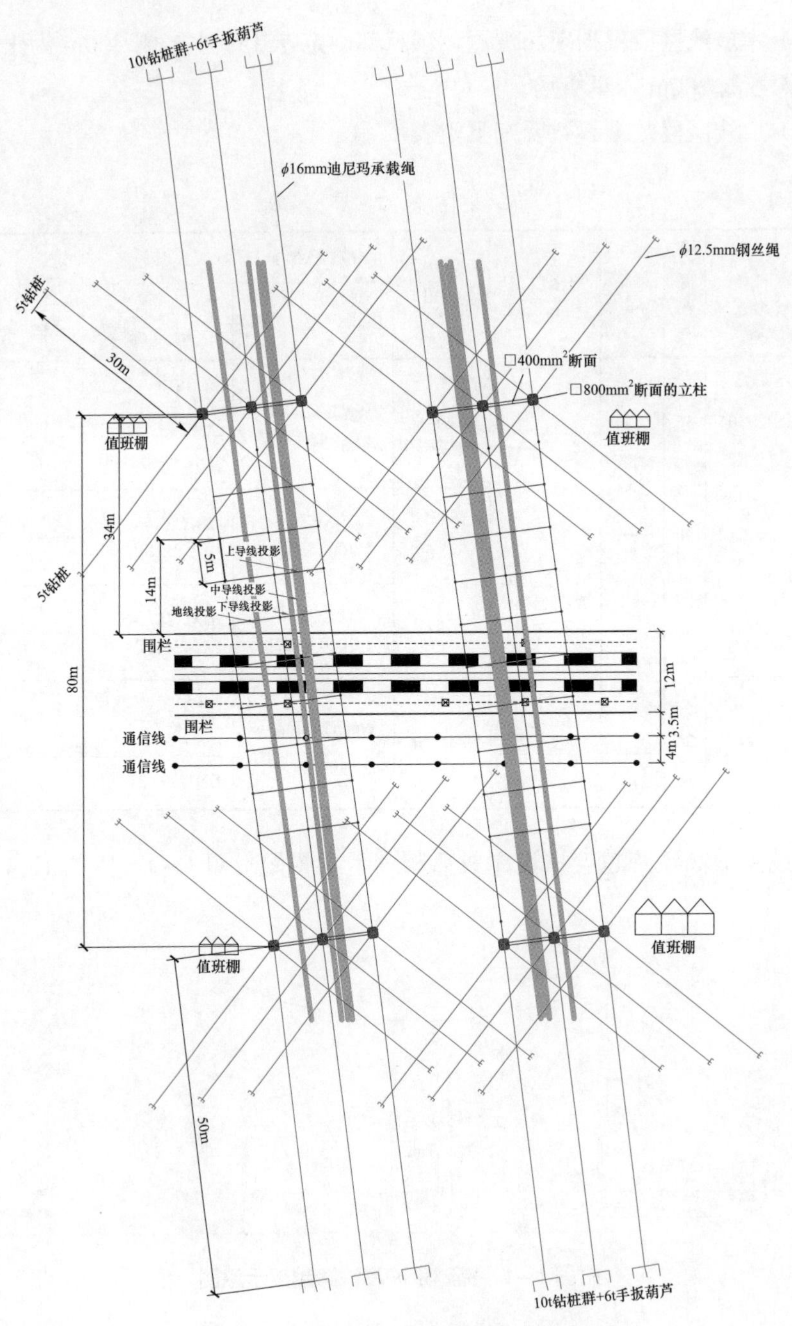

附图 1－2　跨越京沪高铁跨越架平面图

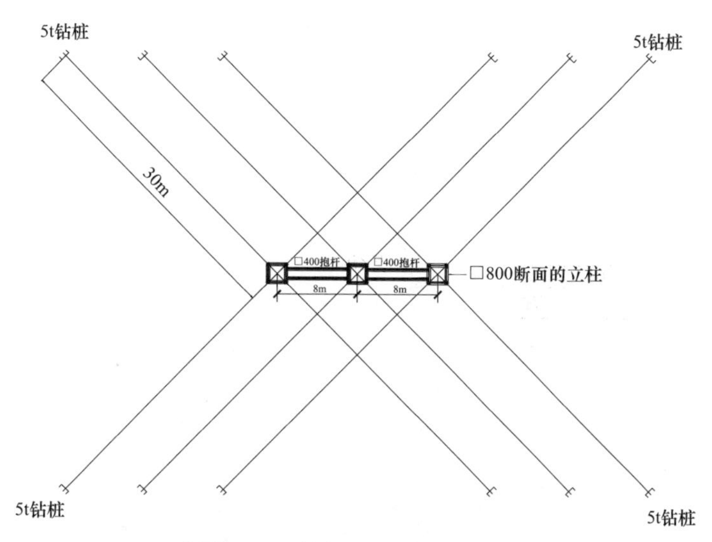

附图 1－3　抱杆组合及拉线俯视图

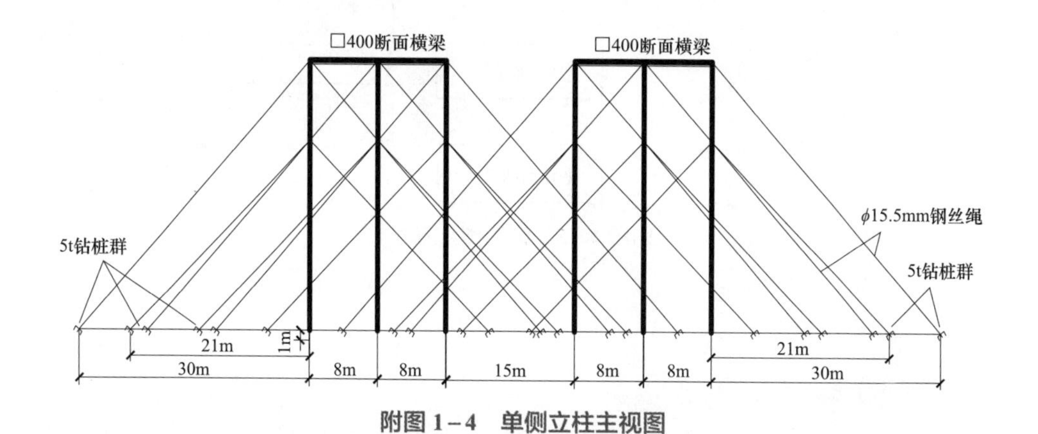

附图 1－4　单侧立柱主视图

（四）作业流程图

施工作业流程如附图 1－5 所示。

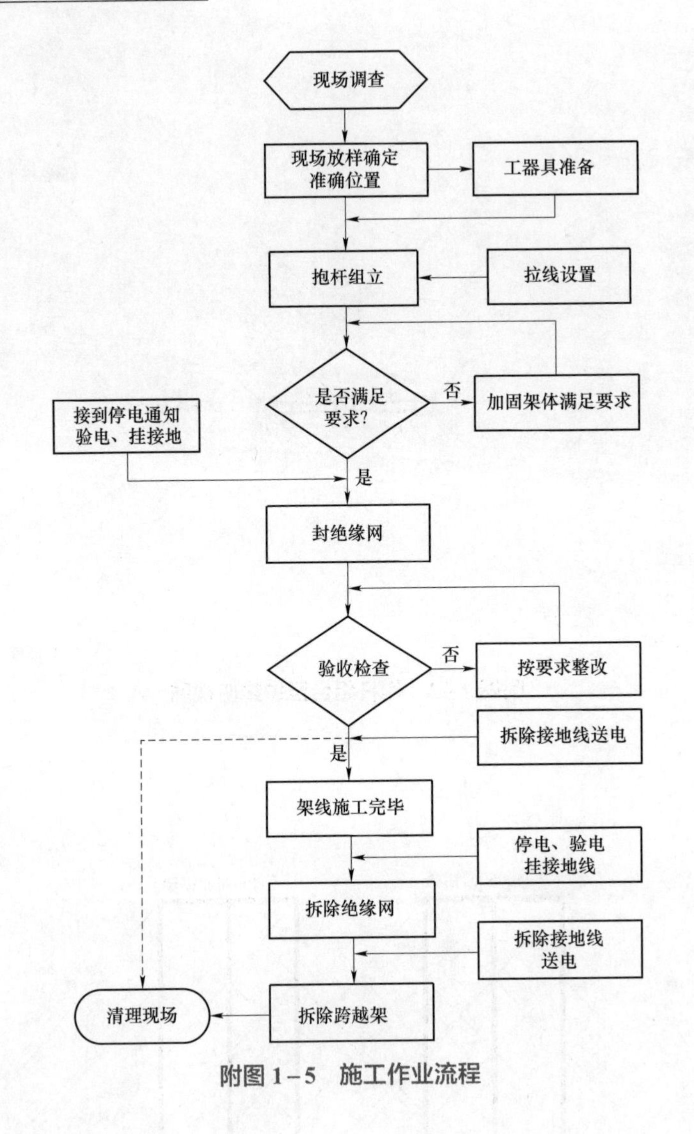

附图 1-5　施工作业流程

三、施工准备

（一）技术准备

（1）跨越施工方案准备。针对现场情况，进行针对性的施工布置，根据线路走向及被跨越物的位置，用经纬仪定位，确定抱杆坐立位置，承力索锚桩、拉线锚桩等的位置、承力索及各类绳索的展放、封网方法、拆除等。

（2）跨越施工方案评审。在京沪高铁施工方案编制完成后，并经公司审批后，根据需要提交高铁管理运行等相关管理部门进行评审，针对各部门提出针对性的意见，及时进行修改并上报备案。

（3）高铁施工相关培训准备。按照高铁跨越施工相关要求，参加铁路管理运行单位组织的高铁跨越各个岗位培训，且考试考核合格，持证上岗。

（4）跨越施工方案安全技术交底。在跨越施工前3～5天，项目部对参加高铁跨越施工的所有人员进行技术交底，详细介绍本次跨越京沪高铁的施工任务、详细分工、施工时间节点计划、现场的质量安全注意事项，做好高铁施工的培训工作，做到分工明确，各司其职，协调全面。

（二）施工队伍准备

（1）跨越架施工队准备。在跨越施工前，针对高铁跨越的特殊性，该项目部计划投入工程公司内部实力强、管理领先的施工队，参加搭设跨越架的施工人员必须依法取得相应等级的资质证书，必须熟练掌握跨越架搭设施工方法并熟悉安全措施，所有施工人员必须经组织培训、安全技术交底和考试合格后方可参加跨越搭设、拆除和维护施工。

（2）跨越架看护人员准备。鉴于高铁跨越施工的特殊性，为加强跨越架的看护与巡视工作，项目部将在越线架处搭设两个看护棚，每个看护棚设置不少于2人，进行24小时不间断看护，并保证通信畅通。

（3）专职通信人员准备。根据铁路行车部门要求，项目部设立专职通信联络员，及时与沧州供电段、北京高铁工务段、车站行车室等部门紧密无缝联系，确保通信及时有效，安全可靠。

（三）机具和材料准备

跨越施工机具和材料准备见附表1－5。

附表1－5　　机具和材料准备

序号	名称	规格	单位	数量	用　途	备注
钢立柱及拉线						
1	钢抱杆	800×30m	根	12	钢立柱	
2	钢抱杆	400×18m	根	4		
3	角铁桩	75×1500	根	24	钢立柱根部固定	每根立柱2根

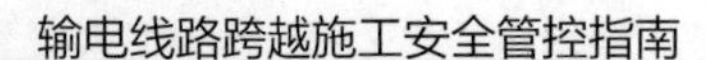

续表

序号	名称	规格	单位	数量	用　　途	备注
4	滑车	5t、环式	个	16	悬索承载滑车	装于立柱顶
5	起重滑车	5t、勾式	个	10		
6	卸扣	5t	个	120	挂承载滑车用、立柱拉线用	
7	卸扣	10t	个	32	连接钻桩与承力索	
8	钻桩	5t	个	48	立柱拉线	
9	钻桩	10t	个	16	连接承力索	
10	钢丝绳	$\phi21.5 \times 5m$	根	16	钻桩钢丝绳	每个钻桩各 1 根
11	钢丝绳	$\phi17.5 \times 34m$	根	4	立柱之间连接	
12	钢丝绳	$\phi15.5 \times 45m$	根	96	立柱上拉线	
13	元宝螺栓	$\phi20$	个	300	拉线与锚桩连接夹头	
封顶网及化纤绳						
14	迪尼玛绳	$\phi16 \times 250m$	条	6	封网承力索	有护套
15	迪尼玛绳	$\phi8 \times 400m$	条	10	牵拉网绳	有护套
16	杜邦丝绳	$\phi12 \times 600m$	条	8	牵拉网绳	有护套
17	高强涤纶绳	$\phi3.5 \times 1000m$	条	2	多旋翼无人机引绳	
18	玻璃钢支撑管	$\phi50 \times 8$	根	32		
19	安全扣	0.5t	个	540	连接封网绳用	含备用 20 个
20	旋转连接器	8t	个	8		
21	承网小滑车	1t	个	160	将封顶网联入承载绳	含备用 4 个
通用工器具						
22	旋转连接器	5t	个	8	连接牵引迪尼玛绳使用	
23	滑车	3t	个	8	起吊滑车，吊抱杆用	
24	尼龙滑车	2t	个	8	提升小件物品用	
25	双钩	5t	把	4	收紧拉线用	
26	拉线控制器		个	10	控制迪尼玛绳及钢丝绳	
27	机动绞磨	3t/5t	台	3		可根据需要增加
28	大剪刀	棘轮	把	2	应急剪断导地线、绳索	事故状态下使用
29	对讲机		台	9	两侧杆塔、铁路各 3 台	可根据实际增加
30	钢丝套	$\phi15 \times 3m$	根	30		
31	接地线	$25mm^2$	条	12	绝缘绳及滑车接地	可用保安接地代替

四、跨越架搭设

（一）跨越架的参数

（1）基本要求。根据《电力建设安全工作规程 第 2 部分：电力线路》（DL 5009.2—2013）的第 7.1.1 条的 8 点规定，跨越架与高速铁路的最小安全距离应符合附表 1－6 的规定。

附表 1－6　　跨越架与高速铁路的最小安全距离　　（m）

安全距离		高速铁路
水平距离	架面距铁路附加导线	不小于 7m 且位于防护栅栏外
垂直距离	封顶网（杆）距铁路轨顶	不小于 12m
	封顶网（杆）距铁路电杆顶或距导线	不小于 4m

（2）在跨越京沪高铁边网往外侧 34m 处分别架立 6 根 800×30m 钢质结构抱杆，每根设置对拐 4 根拉线。

（3）跨越网的每侧有效尺寸：宽度 16m，长度 40m。

（4）跨越网的材料：高铁两侧均采用 800×30m 钢抱杆作为立柱，封网悬索主绳采用ϕ16mm 迪尼玛绳，封顶网为玻璃钢撑杆连接而成，跨越网参数的选择详见附件计算书部分。

（5）挖埋跨越架用的悬索钻桩及抱杆拉线钻桩。

1）在小号侧的 6 根 800×30m 钢立柱后侧（沿线路方向）约 50m 处设置 6 个悬索钻桩，在 800 对角线 4 个方向 30m 处设置 4 个拉线钻桩。

2）在大号侧的 6 根 800×30m 钢立柱后侧（沿线路方向）约 50m 处设置 6 个悬索钻桩，在 800 对角线 4 个方向 30m 处设置 4 个拉线钻桩。

3）各悬索钻桩为 10t 钻桩（＋5t 手扳葫芦收紧），钻桩的埋深为 2.2m，抱杆拉线采用 5t 钻桩，保证悬索安装后对地夹角约为 30°，抱杆拉线安装后对地夹角约 45°。

4）如在施工期间下雨，应用彩条布在钻桩及钻桩上覆盖超过钻桩、钻桩坑中心 2m 以外，并在四周挖排水沟，做好钻桩排水和加固措施。

（二）跨越架的搭设步骤

1. 跨越架钢立柱的组立及承载滑车悬挂

（1）采用 $800mm^2 \times 30m$ 钢抱杆作为立柱，由 15 节 2m 抱杆拼接而成。立柱的底部连接一块 $-10mm \times 1m \times 1m$ 钢板作为支撑底座，再用 M18 螺栓与 5 根 $220mm \times 220mm \times 1500mm$ 枕木连接为支撑底座，立柱根部埋深 1m，并平整夯实，预留 300mm 防沉层。立柱抱杆连接采用 6.8 级高强度螺栓连接，如附图 1－6 所示。

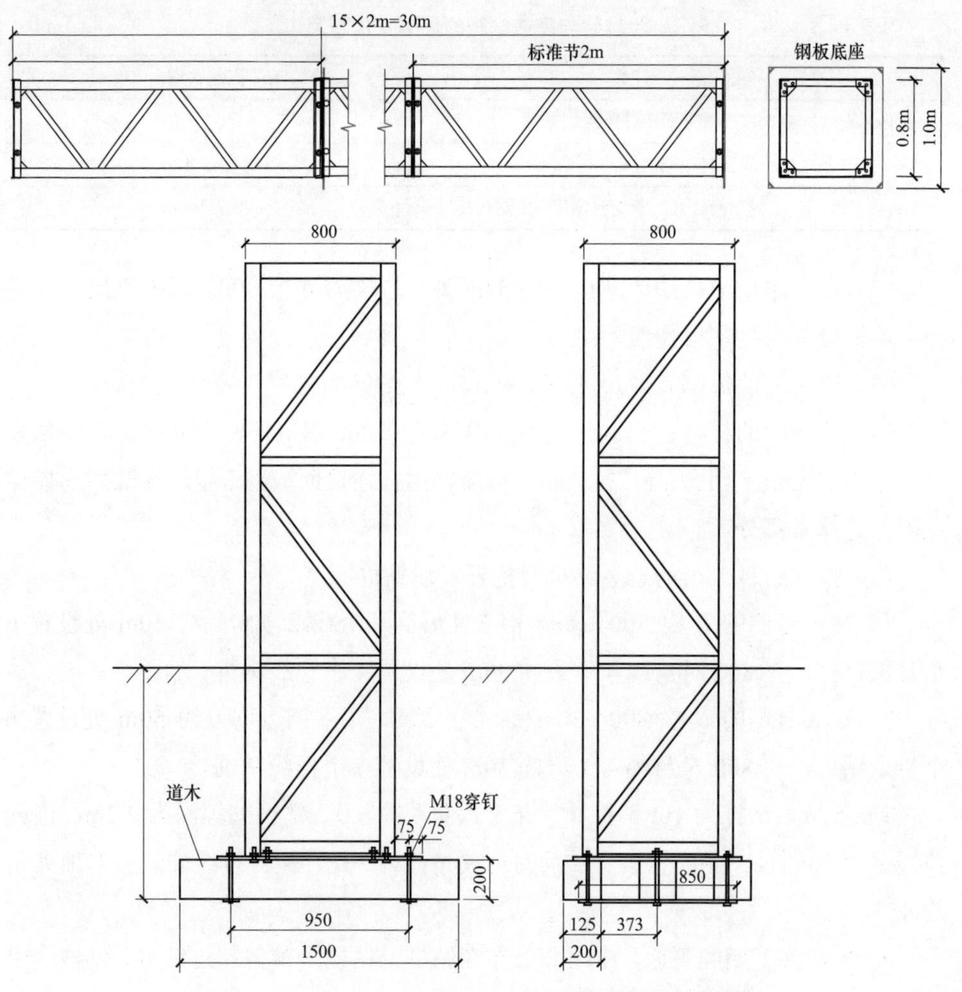

附图 1－6　$800mm^2 \times 30m$ 钢立柱连接及底部固定示意图

（2）先在地面组装好 800mm^2 × 30m 钢立柱，每节 2m，共 15 节，每节 290kg，共 4.35t，然后采用 25t 吊车（吊车工作半径 8m，吊臂长度 32m，最大起吊重量 5.3t。吊车距离抱杆立柱为 8m，吊臂长度为 32m，吊臂倾倒时距离高铁外侧边缘为 34 + 8 − 32 = 10m，符合规范要求。）整体吊装组立钢立柱。吊车起吊位置设置在远离高铁侧进行起吊，如附图 1－7、附图 1－8 所示，吊车座在铺垫的钢板上以保证吊车的稳固性。立柱组立后在拉线打好之前必须设临时拉线。

（3）每根抱杆立柱顶设 4 根互成 90° 拉线，采用 5t 钻桩固定，上拉线对地夹角不得大于 45°，拉线均采用 ϕ12.5mm 钢丝绳。如在施工期间下雨，应用彩条布在钻桩上覆盖超过坑中心 2m。

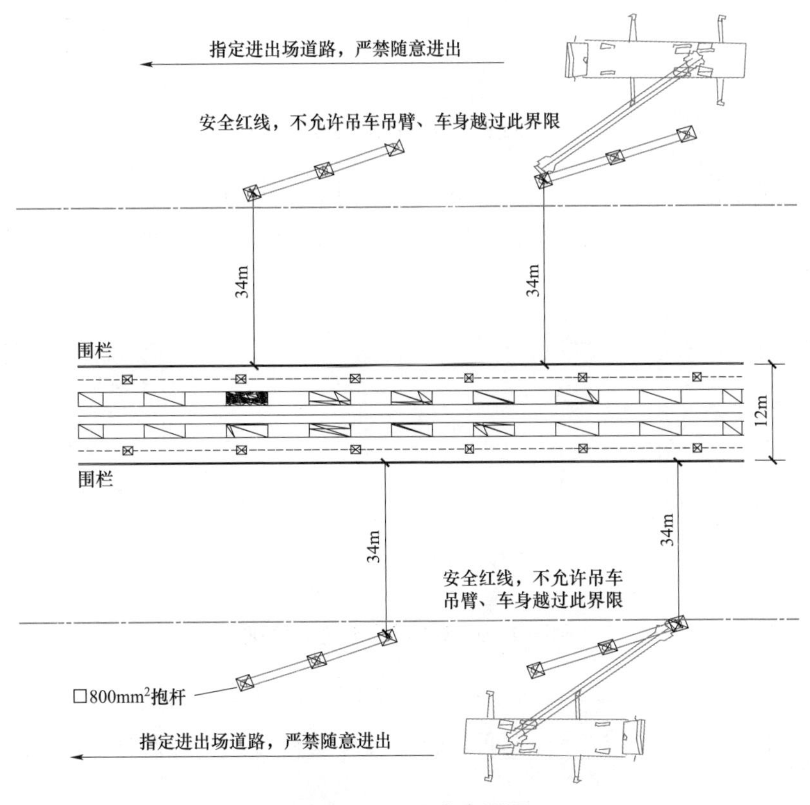

附图 1－7　吊车布置图

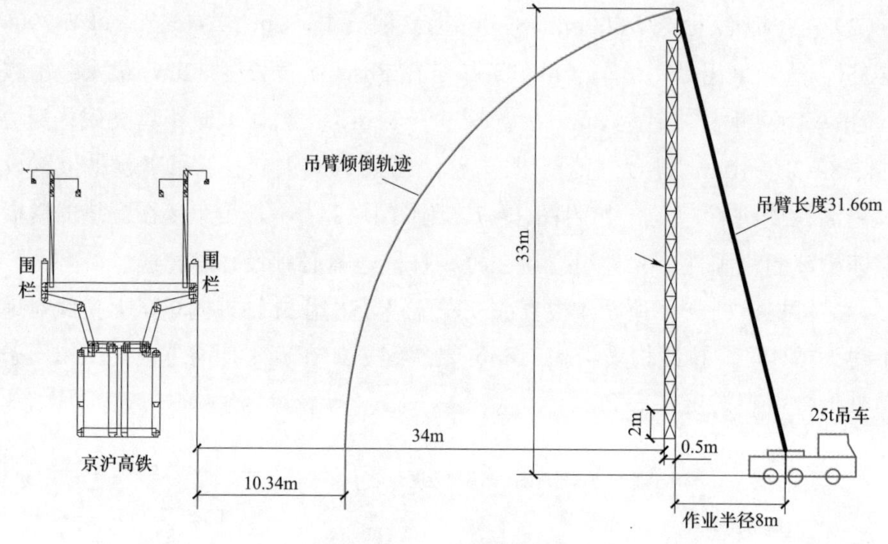

附图 1-8　吊车站位图

（4）3 根抱杆顶部之间，采用 400mm² 断面抱杆进行连接，使 3 根抱杆顶端连接成一个整体，400mm² 断面抱杆与 800mm² 断面抱杆连接采用专用卡具连接，如附图 1-9 所示。

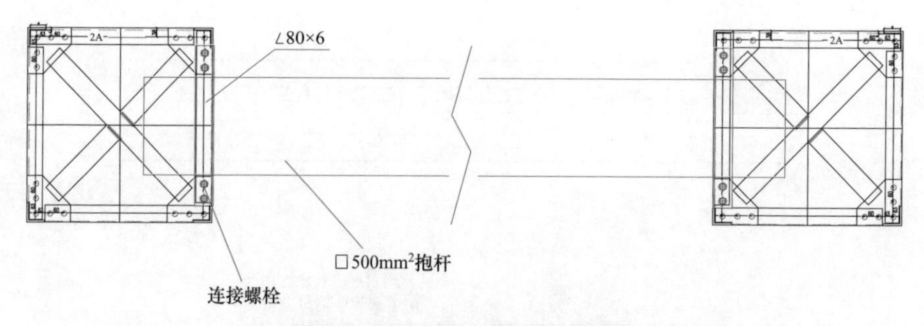

附图 1-9　专用卡具连接示意图

（5）在每一侧的 6 根立柱顶抱杆横线路侧面分别悬挂迪尼玛绳 5t 承载滑车如附图 1-10 所示（每 3 根站柱中间悬挂 2 组滑车），2 侧共计悬挂 16 个悬索承载滑车。

2. 承力索安装

承托绳滑车全部安装完毕后，技术部门检查无误后，在铁路部门给定的窗口时间，采取遥控旋翼机展放ϕ3.5mm涤纶绳导引绳展放，然后按ϕ3.5mm涤纶绳→ϕ8mm迪尼玛绳→ϕ16mm迪尼玛承托绳的顺序进行安装工作。从展放ϕ3.5mm涤纶绳开始至封网结束操作均须在铁路封锁和接触网等相关供电线路停电后进行。具体施工步骤如下（以单侧架体为例）：

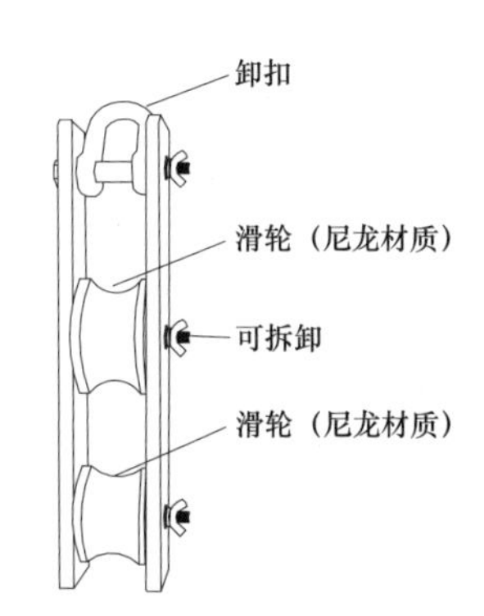

附图1-10 滑车悬挂示意图

（1）利用遥控旋翼机展放ϕ3.5mm涤纶绳跨越高速铁路。

（2）展放ϕ3.5mm涤纶绳后，地面人员应立即将绳索收紧，尽量避免与铁路接触网的导线接触，消除安全隐患。

（3）在小号侧钢立柱处，将ϕ3.5mm涤纶绳交由高空人员带上立柱顶部，高空人员将1条ϕ8mm迪尼玛引绳接上ϕ3.5mm涤纶绳。在小号侧悬索钻桩处采用拉线控制器进行ϕ8mm迪尼玛引绳张力控制，在大号侧悬索钻桩处由人力牵引ϕ3.5mm涤纶绳，将ϕ8mm迪尼玛绳牵过接触网上方，在此过程中避免绳索与接触网相磨。再用展放好的ϕ8mm迪尼玛引绳依次连接4条ϕ8mm迪尼玛绳，带张力牵过接触网上方。如附图1-11所示。

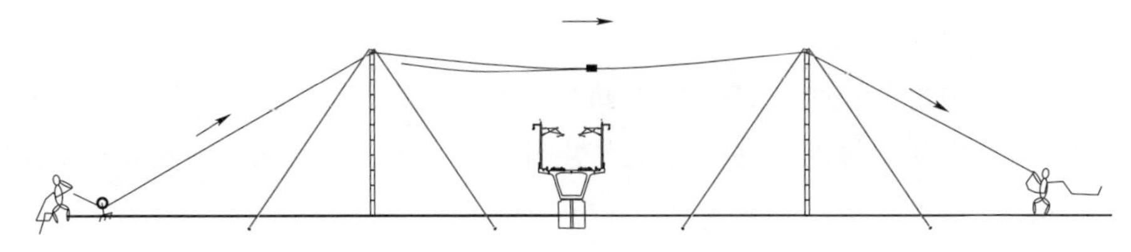
附图1-11 ϕ3.5mm涤纶绳牵引4条ϕ8mm迪尼玛引绳操作示意图

（4）将其中两根ϕ8mm迪尼玛引绳分别放入中间站柱的承载悬索滑车中，ϕ8mm迪尼玛引绳与ϕ16mm迪尼玛承力索和ϕ12mm杜邦丝绳用牵引板相连后，在大号侧悬索钻桩处采用机动绞磨牵引ϕ8mm迪尼玛绳，小号侧悬索钻桩处人员采用拉线控制器保持张力以不接触接触网电力线为准。如附图1-12所示。

（5）在大号侧悬索钻桩处，将ϕ16mm迪尼玛承力索的头部，用10t卸扣+5t手扳葫芦与10t钻桩相连。

（6）在小号侧悬索钻桩处，将ϕ16mm迪尼玛承力索经连接6t手板葫芦后与10t钻桩相连。如ϕ16mm迪尼玛绳过长，可以将迪尼玛绳在1个拉线控制器，绕

5 圈后用 3 个元宝卡子夹持，最后再连接 6t 手板葫芦和钻桩。

（7）在小号侧悬索钻桩处，用 6t 手板葫芦将ϕ16mm 迪尼玛承力索调整好。调整好后，在立柱上用等长法观察ϕ16mm 迪尼玛承力索的弧垂，弧垂值应为 2m，此时ϕ16mm 迪尼玛承力索距离高铁的接触网垂直高度应为 7m。

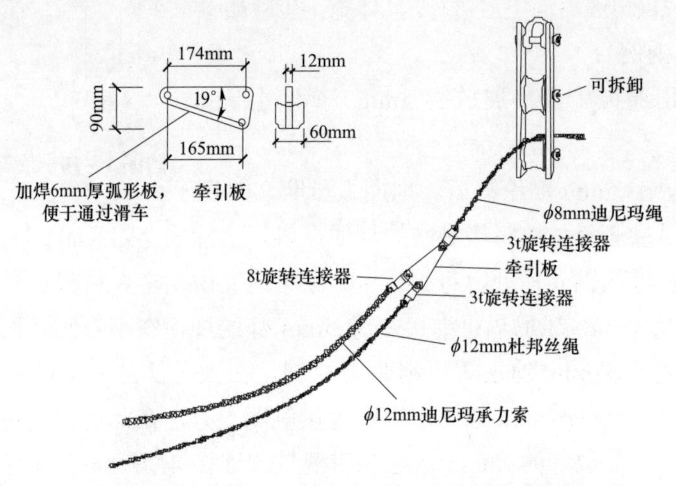

附图 1－12　ϕ8mm 迪尼玛引绳牵引操作示意图

3. 封顶网安装

（1）当两侧 8 条ϕ16mm 迪尼玛承力索都收紧调整好后，即可进行封顶网的安装。

（2）封顶网从小号侧钢立柱处往大号侧方向展放，封顶网等材料要提前运输到小号侧钢立柱处。

（3）封顶网采用专用玻璃钢支撑管，规格为$\phi50 \times 8.3$m，玻璃钢管两端距离端头 150mm 位置各安装 1 个吊环（需与吊钩配套），通过眼睛滑车及吊钩悬挂在ϕ16mm 迪尼玛承力索上，如附图 1－13 所示（吊环垂直于玻璃管，吊沟朝外）。

玻璃钢管之间用ϕ12mm 杜邦丝相隔 5m 串联成一个个软梯形，按照封网尺寸串联，两端接ϕ12mm 杜邦丝调节绳，调节绳经眼睛滑车在地面调节封网位置。为增加玻璃钢管的强度，通过在玻璃钢管内穿ϕ9.3mm 钢丝绳的方法进行加固，见附图 1－14。

附图 1－13　玻璃钢管安装示意图

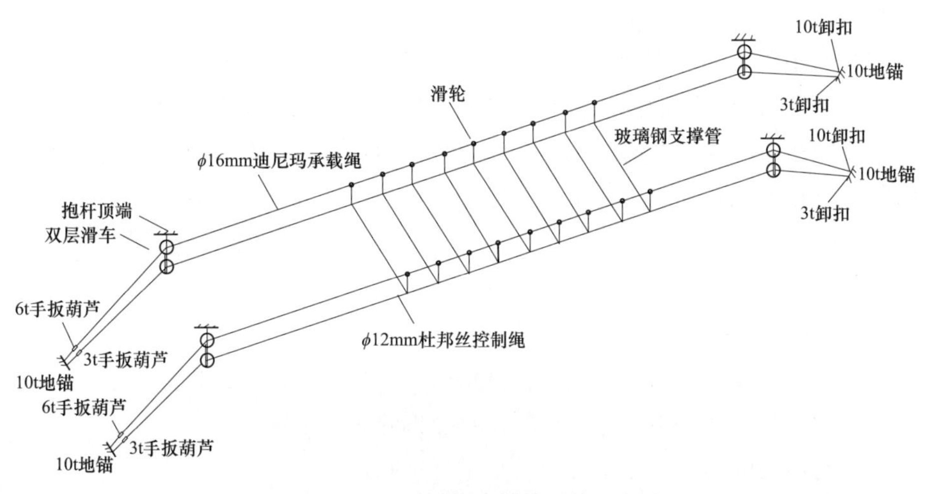

附图 1－14　玻璃钢支撑管悬挂示意图

4. 跨越架搭设安全监护

（1）搭设或拆除越线架必须设施工负责人及安全监护人。

（2）必须取得铁路管理单位的同意，并邀请派人到现场协助监护，同时办好工作许可手续。

（3）施工负责人与铁塔部门保持联系全面安排任务，安全监护人负责监督现场施工安全。

（4）安全监护人必须对施工器具、绝缘绳进行检查，并协同施工负责人在作业前对全体施工人员进行安全交底，交代安全措施和其他注意事项。在施工结束前，施工负责人和监护人均不得离开岗位。

5. 跨越架检查验收

搭好的跨越架需经监理、业主、铁路相关部门检查验收合格后方可使用，检查验收的标准应从其位置、结构、强度、安全距离等方面进行。

（1）位置。检查跨越架中心是否在线路中心处以及两旁的宽度，检查其是否符合线间距离的要求，对不符合要求的跨越架，责令其返工，直至达到要求。

（2）结构。检验其是否符合标准以及有否各种结构缺陷，保证跨越架的结构合理、牢固。

（3）强度：跨越架搭设的好坏，主要看其强度是否能达到要求。检查跨越架的各构件是否符合方案要求，检查拉线受力情况。

（4）安全距离：检查验收人员须观测其对被跨越物的距离，检验是否符合规范，对不符合安全距离的要采取其他措施，保证跨越架的安全距离。

（5）跨越架经验收合格，用铝导线将承力索在承载滑车旁缠绕后接入立柱或临时横梁进行接地，在钢立柱下端悬挂警示标志牌和验收合格牌。

五、跨越架拆除

（一）封网拆除

（1）附件安装完成后，经过自检合格后，可拆除跨越架。拆除跨越架须铁路接触网及相关供电线停电后方可进行，直至拆除完架空网。

（2）跨越架的拆除应由原架设人员进行拆除。

（3）拆除时应将所有受力部位检查一遍，确认无异常后才能进行工作。

（4）先用ϕ12mm 杜邦丝绳将玻璃钢管收回，再将承力索松弛，在满足与被跨线路安全距离的基础上，通过尾绳收紧装置缓慢收回，避免绳索落在铁路接触网上磨损导线。按展放绳索相反方法由多变少回收绳索，等剩余最后一根绳索时，利用架设完成的新导线，人工走线将绳索收回。

（5）迪尼玛在拆除时严禁在地面拖拉防止磨损，按照放下一段盘起一段拖走的原则。

（6）拆除吊桥、绝缘绳应在良好天气下进行，遇雷电、雨、雾、相对湿度大于 85%或五级以上大风时，不得进行拆除施工。

（二）抱杆立柱拆除

（1）拆除时应将所有拉线受力部位检查一遍，确认无异常后才能进行工作。

（2）然后采用 25t 吊车整体吊装抱杆起立后，拆除四周地面拉线连接，待吊车起立抱杆落至地面后，再分拆抱杆及顶端拉线等，整体完毕后运出施工现场。

六、照明方案

（一）夜间施工照明措施

夜间施工照明原则：科学规划、统筹管理，以较少的投入解决最大的问题，避免资源浪费。围绕夜间施工目的与计划，最大限度地解决好各队伍的照明问题。为夜间施工人员提供最高效的照明现场，提高工作效率，避免不必要的人员伤害。

（二）照明设施布置

（1）照明设备型号：m－sfw6150d，数量 30 套（备用 2 套），放置位置如附图 1－15 所示，保证照明充足，每 2 台照明设备分别配备一台发电机。

（2）使用前对照明设备须试运行，进行检查，专人维护。

（3）施工人员还需佩戴带矿灯的安全帽。

（4）夜间施工，信号传递需通畅，施工人员配备对讲机，施工时需专人进行安全监护。

（5）现场施工人员必须听从现场总指挥和现场安全负责人的要求。安全员赵祖和负责与铁路部门联系，负责确认和通知停送电时间并在施工结束后向铁路部门汇报。

（6）在牵引场（张力场）配置 2 台 5kW 发电机，每台发电机一般配 1 盏 1000W 镐灯和 1 盏 500W 镐灯，分别安装在施工区域的两个对角方向。

（7）在 7S169～7S170 档内的跨越架钢立柱前后分别配置 1 台 5kW 发电机、2 盏 1000W 镐灯投射灯。在钢立柱的射灯后方再各安装 1 盏 500W 镐灯，用于施工区域照明，投射灯均朝京沪高铁方向照射，用于观察施工情况。照明布置详见附图 1－15。

七、施工组织

（一）项目部组织机构

项目部组织机构如附图 1－16 所示。

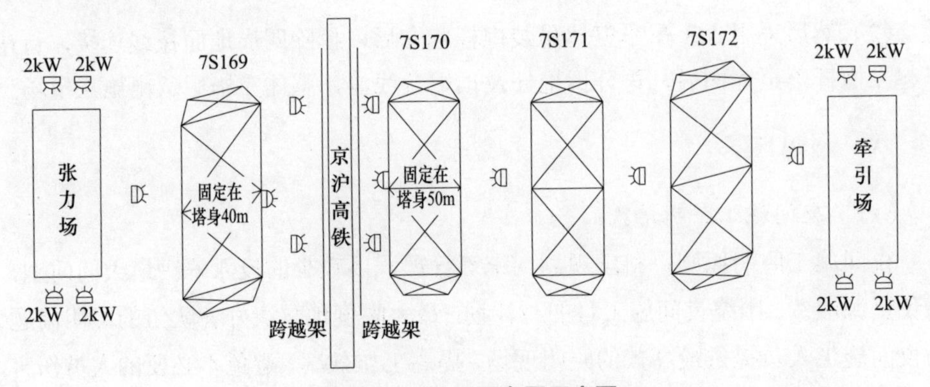

附图 1-15　照明布置示意图

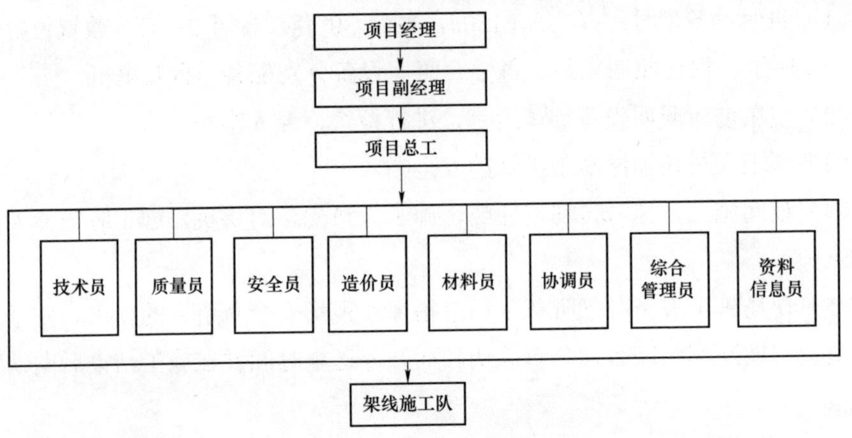

附图 1-16　项目部组织机构图

（二）施工队组织机构

工程搭设跨越架施工，配备人员详见附表 1-7。

附表 1-7　搭设跨越架配备人员

工种	队长	现场指挥	技术员	安全员	材料员	高空	普工
人数	1 人	2 人	2 人	2 人	1 人	16 人	10 人

八、安全保证措施

（一）风险分析识别、评估与控制（见附表 1-8）

附表1-8 风险分析识别、评估与控制

序号	工序	作业内容	可产生的危险	固有风险评定 D_1	固有风险级别	预控措施	项目动态风险评定		
							动态调整系数 K	调整后风险值 D_2	动态风险级别
架线施工									
1	跨越公路、铁路、航道作业	跨越10kV及以上带电运行电力线路	倒塌物体打击	135	3	1. 编制专项施工方案。 2. 填写《安全施工作业票B》，作业前通知监理旁站。 3. 严格按批准的施工方案执行。 4. 跨越架的施工搭设和拆除由有资质的专业队伍施工。 5. 安装完毕后经检查验收合格后方准使用	0.95	142.11	3
		跨越铁路	倒塌触电、电铁停运	300	4	1. 编制专项施工方案，施工单位还需组织专家进行论证、审查。 2. 填写《安全施工作业票B》，作业前通知监理旁站。 3. 严格按批准的施工方案执行。 4. 跨越架的施工搭设和拆除由有资质的专业队伍施工。 5. 安装完毕后经检查验收合格后方准使用	0.95	315.8	4
2	导引绳展放	导引绳连接	物体打击	135	3	1. 导、牵引绳的抗弯连接器、旋转连接器的规格要符合技术要求。 2. 使用前进行检查、试验。 3. 在应该使用旋转连接器的地方一定要按规定使用旋转连接器	0.95	142.1	3
		动力伞、飞艇展放导引绳	高处坠落、物体打击、机械伤害、容器爆炸、火灾、触电	90	3	1. 编制人要有高度责任感，有严谨科学的工作态度，技术措施编制前应认真进行调查研究，确保措施的针对性和操作性。 2. 审批人要严细认真，把好审批关。 3. 严格按要求开展安全文明施工标准化工作，规范现场管理。 4. 起、降场所必须设置安全围栏和安全警示标志。	0.95	94.7	3

续表

序号	工序	作业内容	可产生的危险	固有风险评定 D_1	固有风险级别	预控措施	项目动态风险评定		
							动态调整系数 K	调整后风险值 D_2	动态风险级别
2	导引绳展放	动力伞、飞艇展放导引绳	高处坠落、物体打击、机械伤害、容器爆炸、火灾、触电	90	3	5. 警示标志应符合有关标准和要求。车辆运输时严禁燃料与氦气混装，必须分开运输，并设明显的警示标志。 6. 进入现场后要认真对气囊进行检查，一旦气囊发生泄漏，及时修补和更换，以免影响飞艇的整体可控性和飞艇降落。 7. 在飞艇起飞前严格对舵面进行检查，必须进行试飞前操作。 8. 氦气瓶避免阳光暴晒，必须远离明火或热源。 9. 应储存在通风良好的库房里，必须直立放置。周围设立防火防爆标志，并配备干粉或二氧化碳灭火器，禁止使用四氯化碳灭火器。 10. 操作人员必须经专业培训合格后，方可上岗操作。 11. 连续多档一次跨越最大长度在2400m的必须至少二到三人操作。 12. 操作人员在飞艇起降时，必须认真选择比较空旷的场地，接送飞艇时严格按方案实施，密切观察飞艇的起降方向和着落点，按操作规程抓住支架进行接送，以免螺旋桨伤人	0.95	94.7	3
3	张力放线	牵引绳连接	跑线、触电	126	3	使用合格的旋转连接器，并由专人负责	0.95	132.6	3
		牵引绳与导线连接	机械伤害	135	3	牵引绳的端头连接部位和导线蛇皮套在使用前应由专人检查。蛇皮套、钢丝绳损伤、销子变形等严禁使用	0.95	142.1	3
		通信联络	起重伤害、其他伤害	135	3	1. 放线前的通信工具认真检查，保证电池充足电，并配备必要的备用电源。 2. 施工中要保持通讯畅通，如有一处不通，指挥员应立即下令停止牵引并查明原因，全线路通信畅通后方可继续施工	0.95	142.1	3

（二）安全管理措施

（1）所有施工人员均应穿黄色背心、戴黄色安全帽，高铁跨越架施工的安全人员必须将红色安全帽更换成黄色安全帽，严禁出现红色标志。雷、雨、浓雾及5级以上大风天气不得施工，严禁在路基上打桩钻孔。

（2）施工人员应具备一定的电气知识、有一定的操作水平，且熟悉触电急救知识。遇到电气伤害时，具备应急处理能力。

（3）高铁跨越架搭设前，应报知铁路单位办理施工许可手续，搭设施工要在铁路相关部门人员监督下进行。现场通信务必随时保持畅通。跨越架搭、拆及封网前，应提前向铁路单位汇报，积极与铁路单位配合，施工过程中听从铁路单位工作人员指挥。

（4）钢丝绳、卸扣等材料堆放在离高铁底边外5m处。

（5）进入施工现场内的人员必须正确佩戴安全帽及个人劳动防护用品，严禁酒后作业。高处作业的人员必须打好全方位安全带，并将腰绳打在牢固节点上做二道防护。在垂直抱杆上设攀登自锁绳，人员上下使用自锁器。搭设架体、封网时禁止上下抛物，必须使用小吊绳上下传递，安全员必须时刻监督到位，存在违章、违规操作的应立即停工整改。

（6）架体立杆底部采用道木垒实，不准在铁轨附近挖掘。

（7）立杆接长垂直偏差不得大于0.5%。抱杆在起吊时，必须在先打好临时拉线，确保架体不得向高铁内侧倾斜。

（8）跨越架搭设完成后，跨越架验收由施工队安全员、项目部专职安全员、技术员、分公司安全科、监理部及铁路部门监护人员进行验收。验收合格并按跨越架检查验收制度办理有关手续后，在跨越架的醒目位置应悬挂“架体验收合格”“应急联络牌”“严禁攀登”“高压危险”等标志牌。一切手续齐全后方可进行架线施工。

（9）跨越架体的拉线、承托绳连接锚桩在架线过程中应有专人检查锚桩受力，检查架体对被跨物各项安全距离满足要求，并随时检查加固。每天需对封顶承力绳与轨顶的最小垂直距离进行监测，若不符合安全距离要求必须及时调整。

（10）跨越架自搭设至拆除期间，均应安排技工专人分两处24h看护高铁两侧跨越架，高铁小号侧跨越架监护人员姓名：××、电话：××××××，高铁大号侧跨越架监护人员姓名：××、电话：××××××。每3小时检查一次，并

记录。以防偷盗、破坏，应检查架体安全，若发现异常，及时向项目部和高铁相关部门汇报，并采取应急方案。

（11）施工队负责人要及时了解天气情况，在雷雨、大风等天气前，应安排专人对架体进行检查，及时消除隐患。

（12）拆下来的任何工器具严禁随意乱抛，尤其是高铁上不能有扎丝，拆除结束后应把地上的遗弃物应妥善收集处理，严禁随意丢弃。

（13）施工期间如遇到雨季，做好防雨措施。在跨越架的一侧安装全站仪观测承力索弧垂。如遇下雨承力索弧垂下降 1m 时，收紧承力索遇钻桩连接的手扳葫芦，调整弧垂到 2m 以内。每天早晚使用全站仪观测承力索弧垂，做好安全检查工作。

（三）保障措施

（1）充分考虑施工安全问题，不安排交叉施工的工序同时在夜间进行。

（2）施工现场设置明显的交通标志、安全标牌、护栏、警戒灯等标志。保证行人、施工机械和施工人员的施工安全。

（3）做好夜间施工防护，在作业地点附近设置警示标志，以提醒行人和司机注意，并安排专人值守。

（4）夜间施工用电设备必须有专人看护，确保用电设备及人身安全。

（5）夜间气候恶劣的情况下严禁施工作业。

（6）夜间施工时，各项工序或作业区的结合部位要有明显的发光标志。施工人员需穿戴反光警示服。

（7）各道工序夜间施工时除当班的安全员必须到位外，还要建立安全质量主管人员巡查制度，发现问题必须立即解决。

九、应急预案

（一）应急组织机构及职责

（1）按照《国家电网公司基建安全管理规定》［国网（基建/2）173—2015］的要求，组建工程项目应急工作组。组长由业主项目部经理担任，副组长由总监理工程师、施工项目经理担任，工作组成员由工程项目业主、监理、施工项目部的安全、技术人员组成。施工项目部负责组建现场应急救援队伍。

（2）根据业主项目部应急管理要求，施工项目部成立施工应急救援队伍，项目经理任总指挥，项目总工任现场指挥，组员由安全、技术、质量、材料、综合

办、施工协调、驾驶员、分包商等部门人员组成。由项目部监督，分包商管理人员实施，应急救援队下设安全警戒组、抢险救援组、后勤保障组。

（二）潜在的事故及应急处理措施

潜在的事故及应急处理措施见附表1－9。

附表1－9　潜在的事故及应急处理措施

序号	潜在的事故或紧急情况	可能造成的伤害	应急处理措施及控制措施
1	越线架倾斜、倒塌	中断高铁行车	跨越架搭设严格按照施工方案搭设，保障跨越架的稳固及牢固，且在跨越架外侧按措施设置拉线，保障跨越在任何情况下都是往铁路外侧倾倒
2	高处坠落	人员伤亡、影响高铁行车安全	实行100%防高坠措施，及时组织抢救伤员
3	物体打击	人身伤亡	严禁上下抛物，及时组织抢救伤员
4	大风、雨天气	越线架倒塌，影响铁行车安全	提前收听天气预报，遇有恶劣天气严禁施工且安排专人检查越线架。提前增加斜撑及揽风绳数量，加强越线架强度，提高抗强风能力。发生倒塌及时通知跨越点区间两端站行车室利用无线电喊停列车，再通知高铁相关单位派人抢修、救援，采取积极有效措施后，在保证行车、人身安全的基础上，及时清理高铁上障碍物，迅速开通线路
5	铁路人身交通事故	人身伤亡	严禁施工人员进入高铁防护栅栏，在线路上穿越、逗留。及时组织抢救伤员
6	跑线、掉线	人员伤亡、影响高铁行车安全	施工前对导引绳、牵引绳、各类连接器、拉线、临锚、牵张设备进行检查，确保工器具、设备状况良好。附件安装时应对导地线进行二道保护。通知高铁相关单位派人抢修、救援，通知高铁相关单位派人抢修、救援
7	27.5kV倒杆、断线	中断高铁行车	及时通知铁路相关单位调度派人抢修，电力部门做好配合工作
8	电害	人身伤亡	对作业人员进行防触电安全培训，在带电区域设置警示牌，严格按照操作规程作业，按照规定配备使用绝缘手套、绝缘鞋、接地封线等安全防护用品、工具。及时组织抢救伤员
9	光、电缆损坏	人员伤亡、影响高铁行车安全	并及时通知铁路相关单位调度派人抢修。架体立杆底部采用绑扎扫地杆，高铁地界不动土。钻桩施工前需通知铁路相关单位派人到场确认地埋光缆位置，防止伤害光缆
10	夜间施工照明设备故障	照明不足：可能造成施工人员跌倒、摔伤。造成引绳与下方的接触网缠绕后硬拉，损坏铁路设备	及时组织抢救伤员。施工配合不到位：由于视线范围受限，塔上、塔下人员的交流容易出现不默契的情况，造成一些潜在的风险。保证充足的照明，配备备用发电机组、照明灯具等，同时保证整个施工过程中通信畅通

十、环保水保措施

1. 道路修筑的环保

（1）尽量减少植被的破坏。

（2）施工时应尽量铺设钢板，减少对环境的破坏，严禁肆意或故意人为破坏植被。现场临时设置的土坎、水沟等必须按原地形地貌进行填理、夯实，使其恢复原貌。

（3）修路运输道路过程中，若遇有古墓、古碑等涉及或可能涉及文物的地质情况时，应立即停止修筑，保护现场并及时报项目部，由项目部向有关部门汇报。施工运输道路，力求做到少占良田耕地，绕避不良地质地段，在可能的条件下，尽量考虑与地方道路或乡村的机耕道相结合，并修筑好便道两侧的排水系统，保证地面径流的畅通，减少和避免边坡的冲刷，保证施工运输正常运行，保持水土。

2. 材料堆放的环保

（1）堆放材料应根据现场情况，选择合理布置方案，力求占地最少，搬运距离最近，对环境造成的污染最小。对易产生扬尘污染的物料实施遮盖、封闭等措施，减少灰尘对大气的污染。

（2）施工现场应做到工完、料净、场地清。

（3）现场废弃的编织袋、塑料制品、线绳等杂物，不许乱丢，应及时清理、回收，使施工现场做到工完、料尽、场地清。

3. 运输及其他

（1）在工地小运输过程中，尽量只拓宽原有土路。若需修建新的道路尽可能选择在线路的走廊内，以尽量避免多砍伐树木。

（2）车辆运输过程中，对运输道路应及时进行必要的维护和清理，并要求各种机械和车辆按固定行车路线，不得随意下道行驶或另开辟道路，以保证周围地表和植被不受破坏，减少临时道路面积，降低工程对附近土壤的扰动和对环境的影响。

（3）施工应注意防火，不准乱丢烟头，尽量不用明火，同时现场应配备适当数量的灭火器。工作时划定工作范围，由专人负责监督。人员离场时，现场负责人应对工地现场进行检查，确保不留有明火和暗火。

4. 施工现场及项目部环保

（1）施工现场必须设置临时厕所，可用彩条布及木条搭设，并开挖一便坑，施工结束后，将粪便掩埋处理。严禁四处随意大小便。

（2）在施工现场留宿人员，不得乱扔废弃物，不应有大的喧闹，搞好环境卫生，以保护环境的卫生和安静。

（3）凡可能发生漏油现象污染环境的机械设备，使用时应垫雨布，使之与地面隔离，维修用废旧棉纱头和手套等应依据当地标准收集处理。

（4）工程建设施工、生活用水应按清污分流方式，合理进行处理、排放。

（5）施工、生活及办公资源合理充分利用，废弃的墨盒、磁盘、硒鼓、塑料袋、包装物等由供应商收回或分类妥善处理。

（6）在施工过程中，还注意道路的养护和水土流失的控制，防止人为因素加剧其水土流失的程度。在少雨季节专人负责用洒水车进行洒水，杜绝尘土飞扬，污染周围空气。

5. 植被恢复措施

（1）工程开工前，项目部组织全体施工人员加强学习地方环境保护要求，提高保护当地生态环境的意识。

（2）对施工过程中占用的场地，须及时进行恢复，对损坏的植被通过播种草籽、移植灌木等方法尽可能恢复植被。

附录 2

《跨越施工技术方案》模板

一、编制说明

简要说明编制目的、编制依据及适用范围。

二、跨越工程概况

重点描述跨越参数、跨越平断面图、跨越示意图，被跨越物名称、大小、高低、位置等，交叉跨越处地形特点，被跨越物业主名称及重要性等。做到详尽、直观。

三、跨越方案简述

重点说明跨越采用的跨越架型式、施工艺及施工流程。

四、流程与工艺

详细列出施工步骤与施工操作方法，突出跨越支撑系统、锚桩布置系统、封网装置系统安装、维护及拆除的技术要求。

五、施工组织

根据施工工艺流程建立现场施工组织管理网络，明确跨越施工负责人、技术负责人、安全监护人等管理人员工作职责及各工序作业人员分工。

六、节点工期计划

明确跨越施工主流程、辅助流程的节点工期，详细列出跨越期间每日工作安排，必要时详细到每小时工作量。

七、安全保证措施

突出防感应电、防跨越架体坍塌、防锚桩拔出、防高处坠落等风险点控制措施，明确各级管理人员到岗到位要求，建立应急联络机制，明确现场应急处置流程。

八、材料及机具配置

列出跨越施工必备的材料及工器具准备。

九、主要施工计算

对于使用跨越架施工，计算应包括跨越架强度验算，跨越架宽度、高度及跨距计算，还应对封顶网张力及弛度进行计算等。采用人力放线，计算可适当简化。

对于索道跨越施工，应计算承力索的张力及弛度变化情况，合理选择索具等。

对于用杆塔作支撑体封网施工，应计算封网承力索的张力及弛度变化，还应对横梁的强度进行验算。

附录 3

《跨越施工技术方案》审批

对重要跨越和特殊跨越，施工单位应编写施工方案，并报批得到专家论证后方可施工。该过程需要组织两/三次专家会议，具体会议安排：

一、第一次会议

会议背景：设计单位将待施工现场图纸交于施工单位，施工单位进行现场复核，根据现场条件、规程规范及被跨越设施管理部门（若有）的相关要求编制跨越施工方案，并报公司内部审批。

会议组织方：施工单位（项目部）。

会议参与单位/部门/人：项目部总工、技术员、安全员、公司内部专家组等。

会议准备资料：施工方案。

二、第二次会议

会议背景：施工单位内部对施工方案进行专家论证后，将施工方案报监理单位复审，监理单位复审通过，将施工方案报业主单位审查。建设部组织设计、施工、监理、运检、调度、安质、铁路等（单位）部门召开专题会议，根据现场勘察复测结果，优化跨越施工方案，制定预警控制措施，建设部副主任签发预警通知单。施工方案通过后，施工单位按建设部要求，与被跨越部门签订施工配合协议、施工安全协议等。

会议组织方：建设部。

会议参与单位/部门/人：设计、施工、监理、运检、调度、安质等单位（部门）以及被跨越部门（如：铁路等），专家组（5名及以上）。

会议准备资料：施工方案、应急方案。

会议内容：

（1）方案内容是否完整可行。

（2）方案计算书和验算依据是否符合有关标准规范。

（3）安全施工的基本条件是否满足现场实际情况。

方案经专家论证后，专家组应当提交论证报告，对论证的内容提出明确的意见，并在论证报告上签字。该报告作为技术方案修改完善的指导意见。

三、第三次会议

会议背景：施工前，与被跨越设施管理部门沟通，申报施工计划（如跨越电气化铁路/高速铁路），组织第三次评审。

会议组织方：铁路部门。

会议参与单位/部门/人：设计、施工、监理、业主单位等。

会议准备资料：铁路局跨越铁路复函和铁路供电段、工务段安全运行协议（业主单位提供）、施工方案、施工单位资质复印件，包括经年检有效的企业营业执照、企业资质等级证书、承装（修、试）电力设施许可证、安全生产许可证，以及铁路局营业线施工审批表等（施工单位提供）。

附录 4

架线竣工验收

一、验收单位

运维检修部、业主项目部、输电检修工区、监理项目部、施工项目部、被跨越物相关管理部门（工务段、高铁维管段等）。

二、验收内容及标准

架线竣工验收内容与标准见附表 4-1。

附表 4-1　　架线竣工检查验收

验收内容	标　准
导引绳展放	1. 人力铺放导引绳是否偏离线路。 2. 导引绳升空前，各接头间连接是否牢靠。 3. 导引绳有无重叠、交叉及扭绞现象，导引绳余绳部分应呈 S 形铺放。 4. 影响导引绳升空的障碍是否已经清除
导、地线展放	1. 导线地线损伤及处理是否符合施工验收规范要求。 2. 临锚设施是否可靠，卡线器后的余线是否采取有效防止磨损的措施。 3. 检查导线在滑车内是否有跳槽现象。 4. 核对锚线后导线近地点及跨越点安全距离是否符合要求。 5. 检查压接管位置应符合设计及施工验收规范规定。 6. 牵引板连接网套内的导线不能用于架设，应切除
导、地线连接	1. 导、地线液压管压后的对边距 S 的最大允许值 $S=0.866\times(0.993D)+0.2\text{mm}$（其中 D 为管外径，单位为 mm）。三个对边距只允许有一个达到最大值，超过此规定时应更换钢模重压。 2. 压后的管件不应有用肉眼即可看出的扭曲及弯曲现象，有弯曲时应校直，校直后不应有裂缝出现。对压后的飞边、毛刺应锉平并用 0 号砂纸磨平。 3. 压后铝管的两端涂红铅油，钢管锌皮脱落处需涂环氧富锌漆。 4. 压接过程应有旁站监理在场监测和测量，施工完毕，经检验合格，打上操作者钢印代码，填写隐蔽施工及质量验评记录

续表

验收内容	标　准
紧线	1. 紧线弧垂在挂线后，应随即在观测档检查，一般情况允许偏差±2.5%，大跨越偏差不超过 1m。 2. 各相间弧垂应力求一致，相对偏差最大值一般情况不超过 300mm，大跨越不超过 500mm。 3. 同相子导线弧垂应力求一致，但相对偏差允许安装间隔棒 330kV 以上为 50mm，330kV 以下为 80mm，不安装间隔棒垂直双分裂为 100mm。 4. 挂线后应测量被跨越物净空距离，换算到最大弧垂。 5. 相位排列必须符合设计要求
附件安装	1. 绝缘子、金具、间隔棒及其附件的规格数量符合设计，外观质量符合要求。 2. 金具的镀锌层有局部碰损、剥落或缺锌，应除锈后补刷环氧富锌漆。 3. 单双悬垂绝缘串上的弹簧销子、螺栓及穿钉凡能顺线路方向穿入者均按线路方向穿入，特殊情况两边线由内向外，中线由左向右穿入。 4. 分裂导线上螺栓、穿钉穿向均由线束外侧向内穿。 5. 当运行单位对穿入方向有特殊要求时，应在开工前明确规定。 6. 屏蔽环、均压环绝缘间隙偏差不大于±8mm。 7. 金具上所用闭口销或开口销其开口角度应符合施工设计规定。 8. 绝缘避雷线放电间隙偏差不大于±2mm。 9. 悬垂串倾斜不超过 5°，最大偏差不大于 200mm。 10. 防振锤与阻尼线应与地面垂直，安装距离偏差不大于±25mm。 11. 铝包带及预绞丝缠绕工艺统一、美观。 12. 分裂导线间隔棒结构面应与导线垂直，杆塔两侧第一个间隔棒安装距离允许偏差不大于端次档距的±1.2%，其余不大于次档距的±2.4%，各间隔棒安装位置相互一致。 13. 绝缘子洁净无污染。 14. 光缆引下线夹具的安装应保证光缆顺直、圆滑、不得有硬弯、折角。光缆接线盒安装螺栓应紧固，橡皮封条必须安装到位

附录5

相关计算公式

一、跨越架形体计算

1. 交叉跨越点处导线风偏计算公式

$$Z_{(10)}=0.0625\times K\times d\left[\frac{x}{2H_{\mathrm{f}}}(l-x)+\frac{\lambda}{\omega}\right] \quad (附5-1)$$

式中　$Z_{(10)}$——导线10m/s风速作用下在跨越点处的风偏值；

K——导线体形系数，取1.1；

d——导线外径，m；

x——跨越点离近塔距离，m；

H_{f}——导线放线张力，N；

l——跨越档距，m；

λ——导线放线滑车挂具长度，m；

ω——导线比载，N/m。

2. 钢管、木、竹跨越架架顶宽度计算公式

$$B\geqslant\frac{D+2\times[Z_{(10)}+C]}{\sin\beta} \quad (附5-2)$$

式中　B——跨越架有效遮护宽度，m；

D——施工线路两边线的外侧子导线间水平距离，m；

C——超出施工线路边线的保护宽度，取1.5m；

β——施工线路与被跨物的交叉跨越角，(°)。

3. 金属结构跨越架架顶宽度计算公式

$$B \geqslant D_X + [Z_{(10)} + C] \times 2 \quad \text{（附 5-3）}$$

式中 B——跨越架有效遮护宽度，m；

D_X——当同杆双回路线路按左右回路封网时，取地线、上相、中相、下相线索投影边界宽度。当单回路线路分相封网时，取边导线与相邻地线间的水平距离，m；

C——超出施工线路边线的保护宽度，取 1.5m。

4. 钢管、木、竹跨越架的有效跨距计算公式

$$L \geqslant D_t + 2 \times A_h \quad \text{（附 5-4）}$$

式中 L——跨越架的有效跨距，m；

D_t——被跨物的宽度，m；

A_h——跨越架离开被跨物最外侧的安全距离，m。

5. 金属结构跨越架跨度计算公式

当搭设分相跨越架时按附式（5－5.1）计算，当搭设整体跨越架时按式（附 5－5.2）计算。

$$L \geqslant \frac{D_t}{\sin\beta} + \frac{B}{\tan\beta} + 2L_d \quad \text{（附 5-5.1）}$$

$$L \geqslant \frac{D_t}{\sin\beta} + \frac{D + D_w - D_x}{\tan\beta} + 2L_d \quad \text{（附 5-5.2）}$$

式中 L_d——跨越架与被跨越物最外侧的最小水平距离，要求大于架体的倒杆距离，m。

6. 跨越架高度计算公式

$$H \geqslant h_1 + A_v + Q + f \quad \text{（附 5-6）}$$

式中 H——跨越架高度，m；

h_1——被跨物高度，m；

A_v——封顶网最低点与被跨物的垂直安全距离，m；

Q——安全距离储量，不小于 1m；

f——封顶网弧垂，m。

7. 无跨越架横梁长度计算公式

$$B=\frac{D+[Z_{(10)}+C]\times 2}{\cos(\theta/2)} \tag{附 5-7}$$

式中 B——横梁长度，m；

D——施工线路两边线的外侧子导线间水平距离，m；

C——超出施工线路边线的保护宽度，取 1.5m；

θ——跨越塔转角度数，直线塔时取零值，(°)。

8. 封顶网宽度计算公式

$$B_W \geqslant D_X+[Z_{(10)}+C]\times 2 \tag{附 5-8}$$

式中 B_W——封顶网宽度，m；

D_X——当同杆双回路线路按左右回路封网时，取地线、上相、中相、下相线索投影边界宽度。当单回路线路分相封网时，取边导线与相邻地线间的水平距离，m；

C——超出施工线路边线的保护宽度，取 1.5m。

9. 封顶网长度计算公式

$$L_W \geqslant \frac{D_t}{\sin\beta}+\frac{B_W}{\tan\beta}+2L_B \tag{附 5-9}$$

式中 L_W——封顶网的总长度，m；

D_t——被跨物的宽度，m；

L_B——封顶网伸出被跨物最外侧的保护长度，取 10m。

10. 跨越架厚度（两主排之间的水平距离）计算公式

$$W=W_1+2(X_1+X_2)$$

式中 W_1——公路的宽度，电力线、通信线两边相距离，m；

X_1——跨越与被跨越物之间的最小水平距离，m；

X_2——电力线、通信线的风偏距离（110kV 以下取 0.5），m。

二、跨越架（毛竹、木、钢管）体受力计算

1. 一般跨越架（毛竹、木、钢管）垂直荷载计算公式

$$w_J=m\omega_1 l_{kc} \tag{附 5-10}$$

式中 w_J——跨越架的垂直荷载，N；

m——同时牵引的子导线根数；

ω_1——牵引的导、地线的单位长度，N/m；

l_{kc}——跨越架的跨距，m。

2. 一般跨越架（毛竹、木、钢管）（事故状态下）垂直荷载计算公式

$$w_{JS}=K_1 w_J \quad (附5-11)$$

式中 w_{JS}——事故状态下跨越架的垂直荷载，N；

K_1——冲击系数，取值为1.3～1.5。

3. 顺线路方向的水平荷载计算，水平荷载包括架面风压和封顶网承力索张力 P_F

架面风压近似计算公式

$$P_F=\mu_S \beta_Z A_f \frac{V^2}{1600} \quad (附5-12)$$

式中 P_F——架面风压的均布荷载，kN；

μ_S——构架体型系数，跨越架主材使用圆形杆件时，$\mu_s=0.7$，跨越架在架面上为平面时，$\mu_s=1.3$；

β_Z——风荷载调整系数，高度20m以下取1.0，20～50m取1.5；

A_f——架面的迎风投影面积，一般近似取架面轮廓面积的30%～40%，m^2；

V——线路设计最大风速，m/s，一般取值为25m/s。

4. 在事故状态下，顺线路方向的水平荷载需叠加导地线对架体的磨檫力 P_S。摩擦力计算公式

$$P_S=\varepsilon W_{JS} \quad (附5-13)$$

式中 P_S——事故状态下，跨越架的水平荷载，N；

ε——导线对跨越架羊角横担的摩擦系数，架顶为滚动横梁时，取 $\varepsilon=0.2$～0.3。架顶为非滚动横梁且非金属材料时，$\varepsilon=0.7$～1.0。架顶为非滚动横梁且为金属材料时，取 $\varepsilon=0.4$～0.5。

三、封顶网网绳及封顶网杆受力计算

1. 网绳受力计算

仅考虑落线的垂直荷载，网绳的破坏拉断力计算公式

$$T_C \geqslant \frac{G_D K_1 K}{2\cos\beta_w} \tag{附 5-14}$$

$$\beta_w = \arctan\frac{B_3}{2f_3} \tag{附 5-15}$$

$$G_D = L_G \omega_1 m \tag{附 5-16}$$

式中 T_C——网绳的破断拉力，N；

G_D——作用于网绳的集中荷载，N，可近似按式（附 5-16）计算；

β_w——网绳与铅垂线间夹角，（°）；

B_3——网绳受力后悬挂点间水平距离，m，其近似值为 $B_3=B_2-1$（B_2 为封顶网宽度，m）；

f_3——网绳的垂度，m，当封网宽度为 4～5m，取 $f_3=1$m；当封网宽度为 6～8m 时取 $f_3=1.5$m；

K_1——动荷系数，当有跨越架时，取 $K_1=1$；当无跨越架时，取 $K_1=1.2$；

K——安全系数，取值为 3～5；

L_G——网绳顺线路方向的间距，m；

ω_1——导地线单位重量，kg/m；

m——导地线根数。

2. 封顶网杆受力计算

在落线的情况下，封顶网杆承担相应线段长度导线的重力作用，其产生的弯曲应力计算公式

$$\sigma = \frac{G_D B_4}{4W_G} \leqslant [\sigma] \tag{附 5-17}$$

式中 σ——网杆的计算弯曲应力，N/mm^2；

G_D——作用单根网杆的集中荷载，按式（附 5-16）计算，N；

B_4——网杆两端支点间的水平距离，mm；

W_G——网杆的断面系数，mm^3；

$[\sigma]$——网杆的容许弯曲应力，N/mm^2。

当为杉木杆时，$[\sigma]=8.8$N/mm^2。当为竹杆时，$[\sigma]=28$N/mm^2（近似取值）。当为绝缘管时，$[\sigma]=28$N/mm^2（近似取值）。

当为杉木杆时

$$W_G = \frac{\pi d^3}{32} \tag{附 5-18}$$

当为管材（竹竿、绝缘纤维管）时

$$W_G = \frac{\pi(D^4 - d^3)}{32D} \tag{附 5-19}$$

式中 D——圆管外径，mm；

d——圆管内径或为实心圆木外径，mm。

四、承力索受力计算

1. 跨越架间全封网布置承力索受力计算

工作状态下，承力索的张力计算公式

$$H_A = \frac{\omega_0 l^2}{8f\cos\sigma} \tag{附 5-20}$$

式中 H_A——工作状态下，承力索的张力，N；

ω_0——叠加封顶网重量后的承力索自重，N/m；

l——跨越架间的档距，m；

f——跨越架间的中点弧垂，m；

σ——承力绳的悬挂点间的高差角，（°）。

事故状态下，承力索的张力计算公式

$$H_S = \frac{l^2\omega_S}{8f_S} \tag{附 5-21}$$

$$\omega_S = \omega_0 + \frac{m\omega_1 l}{2} \tag{附 5-22}$$

式中 H_S——事故状态下，承力索的张力，N；

ω_1——导地线自重，N/m；

m——导地线数量；

f_S——事故状态下，跨越架间的中点弧垂，m。

承力索的安全系数

$$K_S = \frac{H}{H_S} \geqslant 6 \qquad \text{（附 5-23）}$$

式中　H——承力索的破断力，N；

K_S——事故状态下承力索的安全系数。

2. 跨越架间局部封网布置承力索受力计算

承力索在不同工况下的物理量定义

$$\omega_2 = \omega_1 + \omega_f \qquad \text{（附 5-24.1）}$$

$$\omega_3 = \omega_1 + \omega_f + \frac{n}{2}\omega_d \qquad \text{（附 5-24.2）}$$

式中　ω_1——承力索空载状态的单位长度重量，N/m；

ω_f——单根承力索单位长度上承载封网装置的折算重量，N/m；

ω_2——安全放线工况时单根承力索叠加封网装置单位长度重量，N/m；

ω_3——事故状态时单根承力索折算单位荷载，N/m；

ω_d——子导线单位长度重量，N/m；

n——子导线分裂数。

（1）承力索空载张力：

$$H_1 = \frac{H_p}{K_a} \qquad \text{（附 5-25）}$$

式中　H_p——承力索的破断拉力，N；

K_a——承力索的初装安全系数，取 50。

（2）承力索工作张力。封顶网安装后，在空载的承力索上附加了绝缘网、绝缘网撑、承网滑轮等，其水平张力也相应地由空载张力 H_1 过渡至正常工作张力 H_2。H_2 计算由斜抛物线状态方程式经简化后，得其计算式如下：

$$H_2 = \frac{l^2\omega_1^2 SE}{24H_2^2} \times K_2 = H_1 - \frac{l^2\omega_1^2 SE}{24H_1^2} \qquad \text{（附 5-26）}$$

式（附 5-26）中 $K_2 = K_{22} - K_{21}$。

其中 K_{22}、K_{21} 按式（附 5-27）和式（附 5-28）计算：

$$K_{22} = 1 + 6\frac{\omega_2}{\omega_1}\left(\frac{a_2}{l}\right)^2 + 4\left[\left(\frac{\omega_2}{\omega_1}\right)^2 - \frac{\omega_2}{\omega_1}\right]\left(\frac{a_2}{l}\right)^3 - \left(\frac{\omega_2}{\omega_1}\right)^2\left(\frac{a_2}{l}\right)^4 \qquad \text{（附 5-27）}$$

$$K_{21}=1+6\frac{\omega_2}{\omega_1}\left(\frac{a_1}{l}\right)^2+4\left[\left(\frac{\omega_2}{\omega_1}\right)^2-\frac{\omega_2}{\omega_1}\right]\left(\frac{a_1}{l}\right)^3-3\left(\frac{\omega_2}{\omega_1}\right)^2\left(\frac{a_2}{l}\right)^4 \quad \text{（附 5-28）}$$

式中 K_2——挂置封顶网后，封顶网对跨越档承力索长度的增大系数；

a_2——自承力索悬挂点至封顶网终点的距离，m；

a_1——自承力索悬挂点至封顶网起点的距离，m。

将已知条件代入式（附 5-26）～式（附 5-28）后，利用 Excel 程序渐次逼近法可计算得 H_2。

（3）事故状态承力索张力。

当导线落于封顶网上，封顶网上新增加了导线的匀布载荷，此时状态方程式为：

$$H_3-\frac{l^2\omega_1^2SE}{24H_3^2}(K_3+K_4)=H_1-\frac{l^2\omega_1^2SE}{24H_1^2} \quad \text{（附 5-29）}$$

式（附 5-29）中 $K_3=K_{32}-K_{31}$，$K_4=K_{41}+K_{42}$。

其中 K_{32}、K_{31}、K_{41}、K_{42} 按下列公式计算：

$$K_{32}=1+6\frac{\omega_2}{\omega_1}\left(\frac{a_2}{l}\right)^2+4\left[\left(\frac{\omega_3}{\omega_1}\right)^2-\frac{\omega_3}{\omega_1}\right]\left(\frac{a_2}{l}\right)^3-3\left(\frac{\omega_2}{\omega_1}\right)^2\left(\frac{a_2}{l}\right)^4 \quad \text{（附 5-30）}$$

$$K_{31}=1+6\frac{\omega_3}{\omega_1}\left(\frac{a_1}{l}\right)^2+4\left[\left(\frac{\omega_3}{\omega_1}\right)^2-\frac{\omega_3}{\omega_1}\right]\left(\frac{a_2}{l}\right)^3-3\left(\frac{\omega_3}{\omega_1}\right)^2\left(\frac{a_1}{l}\right)^4 \quad \text{（附 5-31）}$$

$$K_{41}=1+12\frac{a_1p_1}{l^2\omega_1^2}\left(\omega_1+\frac{P_1}{l}\right)\left(1-\frac{a_1}{l}\right) \quad \text{（附 5-32）}$$

$$K_{42}=1+12\frac{a_2p_2}{l^2\omega_1^2}\left(\omega_1+\frac{P_2}{l}\right)\left(1-\frac{a_2}{l}\right) \quad \text{（附 5-33）}$$

式中 K_3——工作条件为导线落于封顶网，封顶网长度范围内导线重力对跨越档承力索长度的增加系数；

K_4——工作条件为导线落于封顶网，封顶网起止点导线集中荷载对跨越档承力索长度的增大系数；

P_1——封顶网起点处导线的集中荷载，N；

P_2——封顶网终点处导线的集中荷载，N。

将已知条件代入式（附 5-29）～式（附 5-33）后，利用 Excel 程序渐次逼近

近法可计算得事故状态承力索的水平张力 H_3。

（4）承力索的安全系数

$$K_S=\frac{H_p}{H_3}\geqslant 6 \quad （附 5-34）$$

式中 K_S——事故状态下承力索的安全系数。

五、封网长度计算[1]

新建线路的单相导线封网长度应满足

$$L_1\geqslant\frac{B}{\sin\beta}+\frac{B_w}{\tan\beta}+2L_B$$

式中 L_1——新建线路单相导线的封网长度，m；

B——被跨电力线两边线间的水平距离，m；

B_w——单相导线的封网宽度，m；

β——新建线路与被跨越电力线路交叉角，（°）；

L_B——封网装置伸出被跨电力线的保护长度，10～15m。

六、导地线在弧垂最低点的最大张力

（1）导、地线在弧垂最低点的最大张力

$$T_{max}\leqslant\frac{T_p}{K_c}$$

式中 T_{max}——导、地线在弧垂最低点的最大张力，N；

T_p——导、地线的拉断力 N；

K_c——导、地线的设计安全系数。

七、绝缘子机械强度的安全系数

绝缘子机械强度的安全系数，应符合附表 5-1 的规定。双联及多联绝缘子串应验算断一联后的机械强度，其荷载及安全系数按断联情况考虑。

[1] 国家电网公司输变电工程典型施工方法（第一辑）。

附表5-1　　绝缘子机械强度的安全系数

情况	最大使用荷载		常年荷载	验算	断线	断联
	盘型绝缘子	棒型绝缘子				
安全系数	2.7	3.0	4.0	1.5*（1.8**）	1.8	1.5

*　110～750kV架空输电线路验算荷载为1.5。

**　1000kV和±800kV直流架空输电线路验算荷载为1.8[1]。

绝缘子机械强度的安全系数K_1为

$$K_1=\frac{T_R}{T}$$

式中　T_R——绝缘子的额定机械破坏负荷，kN；

T——分别取绝缘子承受的最大使用荷载、断线荷载、断联荷载、验算荷载或常年荷载，kN。

注：常年荷载是指年平均气温条件下绝缘子所承受的荷载。验算荷载是验算条件下绝缘子所承受的荷载。断线的气象条件是无风、有冰、-5℃；断联的气象条件是无风、无冰、-5℃。

[1] 《1000kV架空输电线路设计规范》（GB 50665—2011）。
《±800kV直流架空输电线路设计规范》（GB 50790—2013）。

附录6

风级表

附表6－1　　风　级　表

风力等级	风的名称	陆地地物特征	相应风（m/s）
0	无风	静、烟直上	0～0.2
1	软风	烟能表示方向，但风向标不能转动	0.3～1.5
2	轻风	人面感觉有风，树叶有微响，风标能转动	1.6～3.3
3	微风	树叶及微枝摇动不息，旌旗展开	3.4～5.4
4	和风	能吹地面灰尘和纸张，树的小枝摇动	5.5～7.9
5	清风	有叶的小树摇摆，内陆的水面有小波	8.0～10.7
6	强风	大树枝摇动，电线呼呼有声，举伞困难	10.8～13.8
7	疾风	全树摇动，大树枝弯下来，迎风步行困难	13.9～17.1
8	大风	微枝折断，人向前行感觉阻力甚大	17.2～20.7
9	烈风	烟囱顶部及屋顶可被吹掉	20.8～24.4
10	狂风	内陆很少出现，可掀起树木和毁物	24.5～28.4
11	暴风	陆上很少，有大破坏	28.5～32.6
12	飓风	陆上绝少，很大破坏	大于32.6

附录 7

迪尼玛编织绳规格及技术参数

附表 7－1　　迪尼玛编织绳规格及技术参数

序号	公称直径（mm）	线密度（g/m）	涂树脂的线密度（g/m）	包护套		破断拉力（kN）
				直径（mm）	线密度（g/m）	
1	2	2.26	2.44	3.5	3.1	3.8
2	3	4.52	4.88	4.5	6.3	7.6
3	4	9.04	9.76	6.0	12.6	15.2
4	5	13.6	14.7	8.0	19.0	22.5
5	6	20.4	22.0	9.0	28.0	33.3
6	8	34.0	36.7	12.0	47.0	54.9
7	10	54.5	59	14.0	75.0	87.2
8	12	80.0	86	16.0	108.0	127
9	14	115	124	19.0	154.0	179
10	16	141	152	20	189.0	215
11	18	188	203	22	250	284
12	20	225	243	25	295	341
13	22	282	305	27	370	420
14	24	326		29	428	490
15	26	369		31	484	539

注　迪尼玛丝密度为 0.97g/cm^3。

附录 8

公路、内河航道、铁路分级标准

一、公路分级标准

高速公路：全部控制出入、专供汽车在分隔的车道上高速行驶的公路。主要用于连接政治、经济、文化上重要的城市和地区，是国家公路干线网中的骨架。一般年平均每昼夜汽车通过量 2.5 万辆以上。

一级公路：为供汽车分向、分车道行驶，并部分控制出入、部分立体交叉的公路，主要连接重要政治、经济中心，通往重点工矿区，是国家的干线公路。四车道一级公路一般能适应按各种汽车折合成小客车的远景设计年平均昼夜交通量为 15 000～30 000 辆。六车道一级公路一般能适应按各种汽车折合成小客车的远景设计年平均昼夜交通量为 25 000～55 000 辆。

二级公路：连接政治、经济中心或大工矿区等地的干线公路，或运输繁忙的城郊公路。一般能适应各种车辆行驶，二级公路一般能适应按各种车辆折合成中型载重汽车的远景设计年限年平均昼夜交通量为 3000～7500 辆。

三级公路：沟通县及县以上城镇的一般干线公路。通常能适应各种车辆行驶，三级公路一般能适应按各种车辆折合成中型载重汽车的远景设计年限年平均昼夜交通量为 1000～4000 辆。

四级公路：沟通县、乡、村等的支线公路。通常能适应各种车辆行驶，四级公路一般能适应按各种车辆折合成中型载重汽车的远景设计年限年平均昼夜交通量为：双车道 1500 辆以下；单车道 200 辆以下。

二、内河航道分级标准

内河航道等级是按照河流所能通行船只大小所作的等级分类。

一级航道：可通航 3000t。

二级航道：可通航 2000t。

三级航道：可通航 1000t，三级航道尺度的最低标准为水深 3.2m、底宽 45m。根据 GB 50139—2014《内河通航标准》，新建的桥梁采用一跨过河，桥梁净空高度不小于 7m。

四级航道：可通航 500t，四级航道尺度的最低标准为水深 2.5m、底宽 40m。

五级航道：可通航 300t。

六级航道：可通航 100t。

七级航道：可通航 50t。

三、铁路分级标准

GB 50090—2006《铁路线路设计规范》中规定，新建铁路和改建铁路（或区段）的等级，应根据它们在铁路网中的作用、性质和远期的客货运量确定。中国铁路建设标准共划分为四个等级，即Ⅰ级、Ⅱ级、Ⅲ级和Ⅳ级。

Ⅰ级铁路：铁路网中起骨干作用的铁路，或近期年客货运量≥20Mt 者。

Ⅱ级铁路：铁路网中起联络、辅助作用的铁路，或近期年客货运量＜20Mt 且≥10Mt 者。

Ⅲ级铁路：为某一区域或企业服务的铁路，近期年客货运量＜10Mt 且≥5Mt 者。

Ⅳ级铁路：为某一区域或企业服务的铁路，近期年客货运量＜5Mt。